恐龙图鉴 给儿童的恐龙百科全书

三叠纪与侏罗纪恐龙

[英] 英国琥珀出版公司 / 编著　　王凌宇 / 译

甘肃科学技术出版社

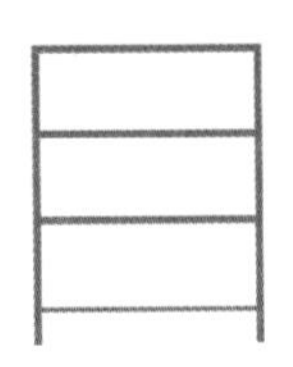

目录

异齿龙

侏罗纪

水龙兽

导言

地球生命的历史是一个具有永恒吸引力的话题，它让我们明白自身的起源以及我们在这庞大的生命空间中的位置。伴随着每一个全新的发现或是对过去的重新解释，我们的生物学视角被不断转换。演化过程的时间跨度之大、所产生的物种之多样，让我们为之折服。当我们在思索那消逝的世界以及那里奇特的居民时，我们的想象力会被激发，这是其他任何事物都无可比拟的。

为了复原我们星球的生物历史，我们必须成为一名侦探。在复原生物历史时，我们除了依靠现存生物的基因数据外，还可以依靠化石。化石是那些远古物种留下的痕迹，是我们阐释和复原时的起点。但是要记住，即便一块化石保存得再完美，它也无法向我们展现故事的全貌。比如，一只被密封在琥珀里的昆虫，就没有证据

即便是最好的化石也留下了极大的想象空间，让我们可以去推测那些灭绝已久的生物的外貌与行为，比如这些腕龙。

庞大的角龙能不能用它们的后腿站立呢？我们可能无法知道准确答案，但可以做一些有根据的猜想。

记录它活着时的各种行为。绝大多数化石都无法被保存得很好，没法像昆虫被密封在树脂中一样“完美”。在近 40 亿年前，地球上活跃着数以万亿计的生物，而我们所拥有的标本只代表了其中极其微小的一部分而已。

随着越来越多且越来越优质的化石被发现，我们对这些史前动物的描述也在进一步清晰。毋庸置疑，我们比以前更加了解恐龙了。相较于浅海中巨大的无脊椎珊瑚礁群落来说，恐龙很难被保存在化石中，因为它是生活在陆地上和空中的脊椎动物。大部分恐龙在变成化石前，都会先被其他动物吃掉或是遭到风化，所以当我们研究恐龙时，常常只能研究一些化石残片。这些残片虽然诱人，但也很容易让人产生挫败感。

当你在阅读本书时，你会发现一些限定词被重复地使用，如“很可能”“可能”和“也许”。当古生物学家试图根据零碎的化石来复原生物时，他必须极其仔细。我们通常什么都无法完全确定，在研究生物行为的时候尤为如此。难道我们可以通过研究一具骨骼化石，就下结论说这只动物活着的时候会用它的前肢从潮湿的沙子中汲取水分，然后再通过它鳞片缝隙的毛细作用将水送到嘴角吗？这样的动物今天是存在的——现代的带刺恶魔棘蜥。我们又怎能猜到一种史前动物可能故意弄断它趾中的骨头，然后锋利的“爪”就可以从皮肤中长出来，就像一种名叫壮发蛙的现代青蛙所做的那样呢？

名字的意义

你可能也发现本书中一些生物属的词源并不确定。长久以来，使用拉丁文或希腊文给生物起名是一种标准的惯例。叫作双冠龙（双冠蜥蜴）的恐龙在头骨上长着两个冠，股薄鳄（细长的鳄鱼）真的是个细长的鳄鱼。可是，还有一些动物，我们无法通过简单粗暴地翻译它的名字就明白学者给它取名的原因。如果从字面翻译棱齿龙的名字，它的意思是“高冠状的牙齿”，但是更深入的研究表明，这个名字实际上是指“高冠蜥的牙齿”，这是因为它的牙齿和高冠蜥的牙齿很像。另外还有莫阿大学龙，它的名字翻译过来就是“莫阿大学的蜥蜴”，是根据德国格赖夫斯瓦尔德的恩斯特－莫里兹－阿德特大学命名的，这所大学就位于化石发现地的旁边。熟练掌握拉丁文和希腊文可能就无法让你正确解析这个名字咯！对于一些太久以前命名的生物属以及一些我们没有词源的生物属，我们已经尽力去解释那些名字可能传递的意义了。幸好，现代取名规则在取名之外，还要求解释取名原因。

恐龙的定义

人们对史前动物的信息求知若渴，基于各种复杂的原因，人们尤其渴望获得恐龙的信息。也因为各种各样的原因，外行人经常会误用“恐龙”这个词来代指“任何只能通过化石了解的、体形巨大的、灭绝已久的动物”。但科学家试图给“恐龙”赋予更精确的定义。对科学家而言，与体形大小、是否灭绝和如何保存这些特点相比，恐龙这个群体共同拥有的是更为具体的、独特的、有重大进化意义的特征。更何况现在我们已经意识到，恐龙也包括一些小型的、没有灭绝的动物，我们可以通过活标本（现代鸟类）去了解它们。因此，要定义“恐龙”这个词十分困难。

目前，对“恐龙”一词有两种被广泛接受的定义：① 三角龙和现代鸟类的最近共同祖先的所有后代；② 巨齿龙和禽龙的最近共同祖先的所有后代。第二个定义中提到了两种最先被科学描述的非鸟型恐龙。这两种定义包含了相同的动物群体，而且这些动物群体是分散的。但恐龙到底是什么意思呢？外行人当然不能只是看着一个生物体，就判断出它是三角龙和现代鸟类的最近共同祖先的后代或是巨齿龙和禽龙的最近共同祖先的后代。

如果我们细想一下上面被用来定义恐龙群体的那些物种，它们是具备了一些特

大家都知道暴龙是一种恐龙，但是要给“恐龙”这个词下个清晰的定义却难比登天。

征的，而且，这个群体中所有成员都会具备这些特征。这些特征包括肱骨、髂骨、小腿骨和距骨以及后肢站立的姿势。乍一看，这像是一套怪异又世俗的标准。用这样一套标准来定义这样一个充满魅力的群体，似乎很不合适。但是群体的一致性对于形成一个严格的定义来说至关重要。当我们在定义某生物群体时，我们会确定一些关键特征。然而，由于化石无法向我们展现整个生物群体的来龙去脉，所以我们总会发现某些生物化石，它们具备了许多特征，却无法囊括所有关键特征。那些靠近大型辐射进化（由一个祖先进化出各种不同新物种，以适应不同环境，形成一个同源的辐射状的进化系统）源头的生物化石就尤其是这样，比如恐龙。

这就是为什么我们会倾向于使用两个包含式的分类单元来下定义——新的生物体要么属于这两个分类单元，要么不属于。如果我们用一系列特征来定义一个生物群体，那么当某个生物体缺少其中一两个特征时，我们就只有两个选择，要么把这个新的生物体排除出去，要么就得无休止地修正我们的定义。

本套书根据地质年代，讲述了从寒武纪到第四纪（更新世）的 307 种史前动物，不仅有恐龙，还有许多其他史前动物。讲述每种动物时，使用相同的体例，方便读者阅读。

从 1970 年给双冠龙命名以来，我们对恐龙的认识比历史上任何时期都更加完善。

奇虾

目 · 放射齿目 · **科** · 奇虾科 · **属 & 种** · 奇虾属，加拿大奇虾

这种大型节肢动物是已知最大的，且很可能是寒武纪时代最为致命的海洋动物。为了准确鉴别这种动物，古生物学家花了一个世纪的时间。

重要统计资料

化石位置：加拿大、中国和澳大利亚

食性：食肉动物

体重：未知

身长：大部分 60 厘米

身高：未知

名字意义（指拉丁学名名字意义，后不赘述）：“奇怪的虾”，因为一开始人们误以为这种动物是一种古怪的虾

分布：奇虾的化石被发现于加拿大落基山脉的伯吉斯页岩、中国的澄江化石地以及澳大利亚的鸸鹋湾页岩

化石证据

1892 年 J.F. 怀特维斯根据该物种的一些肢节化石，认为该物种是一种虾（他以为那是龙虾或明虾的尾部，实际上它是一截前肢）。人们在 1911 年发现了它们的嘴部化石，却误以为它是原始水母。直到 20 世纪 80 年代，古生物学家才意识到这些化石都属于同一种动物，且这种动物比它同时代的其他生物要大 10 倍。在接下来的 10 年中，人们又在中国发现了多种爪子化石和用于吃东西的附肢的化石，这说明奇虾属中还存在一些新物种。

史前动物
寒武纪

嘴巴

奇虾的嘴呈圆盘状，其中有环状排列的锋利牙齿，可以用来咬破三叶虫的外壳，要么是直接咬穿外壳，要么是咬住外壳并晃动，直到坚硬的外壳破裂。三叶虫很可能是奇虾最喜欢的食物。

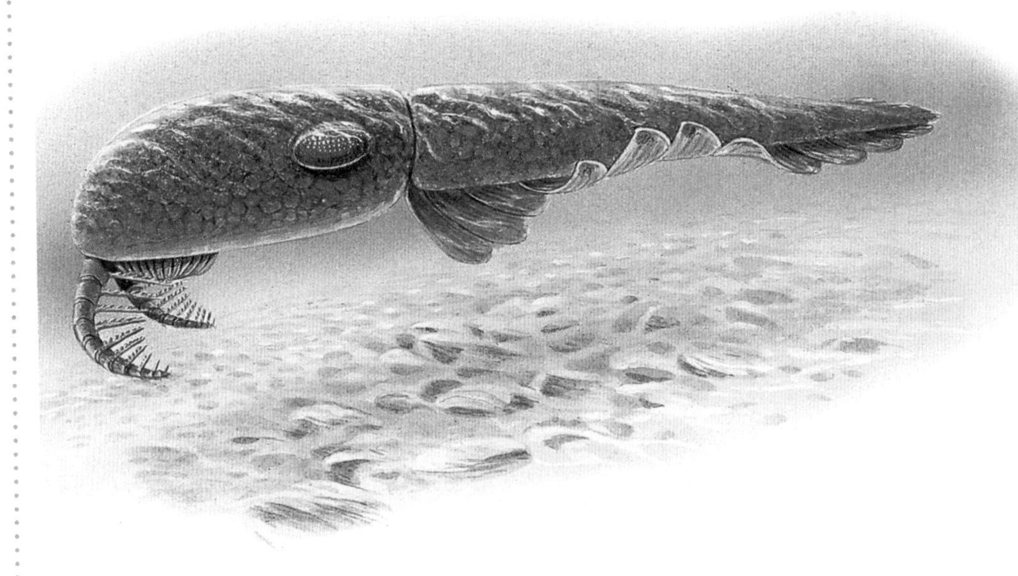

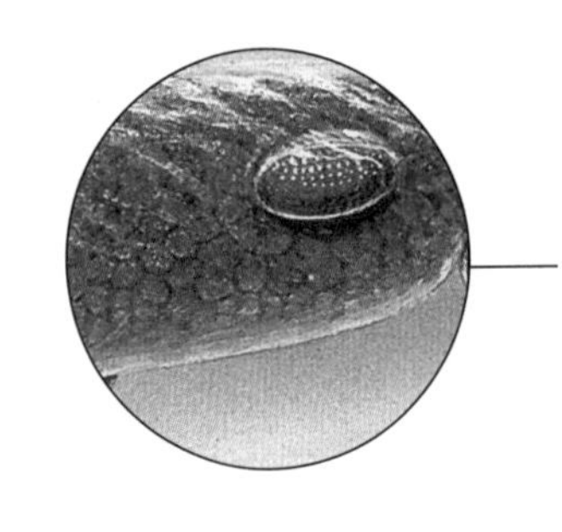

眼睛

由于奇虾的眼睛很大，游泳能力很强，因此它是个可怕的捕食者，当它追赶猎物时，可以通过收缩成节的身体在海洋中极速穿行。

时间轴（数百万年前）

540 | 505 | 438 | 408 | 360 | 280 | 248 | 208 | 146 | 65 | 1.8 至今

怪诞虫

目 · 坚有爪目 · **科** · 怪诞虫科 · **属 & 种** · 稀有怪诞虫，强壮怪诞虫

怪诞虫是一种蠕虫状的小生物，它用成对的高跷似的腿在海底四处奔走。但是哪边是上，哪边是下呢？

重要统计资料

化石位置：加拿大、中国

食性：浮游生物

体重：未知

身长：0.5~3 厘米

身高：未知

名字意义："奇怪且不真实的"，因为它特别怪异

分布：加拿大西南部的伯吉斯页岩和中国寒武纪帽天山页岩

化石证据

该如何分辨怪诞虫的头部和尾部呢？怪诞虫化石的两端都有暗色点，任何一边都可能是头部。所以我们还不能确定它是如何进食的——有些古生物学家声称它会用触须来取食物。但由于怪诞虫的早期标本是上下颠倒的，因此这种说法也让人困惑。原先被人们当作腿的部位现在被视为用于保护怪诞虫的棘刺。

触须

近期来自中国的标本显示怪诞虫有第二组触须，和第一组并排，并且在末端有爪。现在这两排触须被看作用于行走的腿。

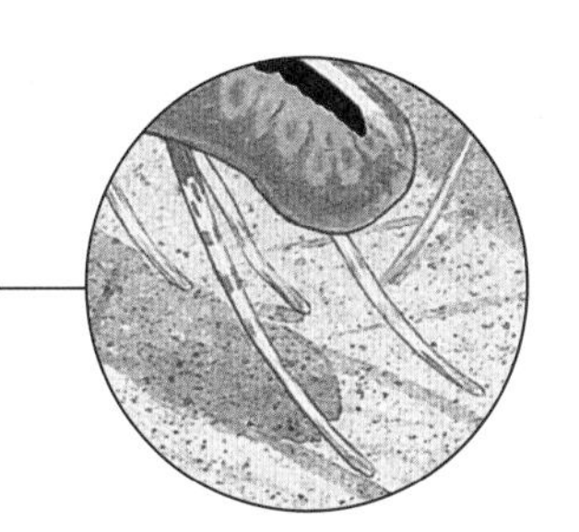

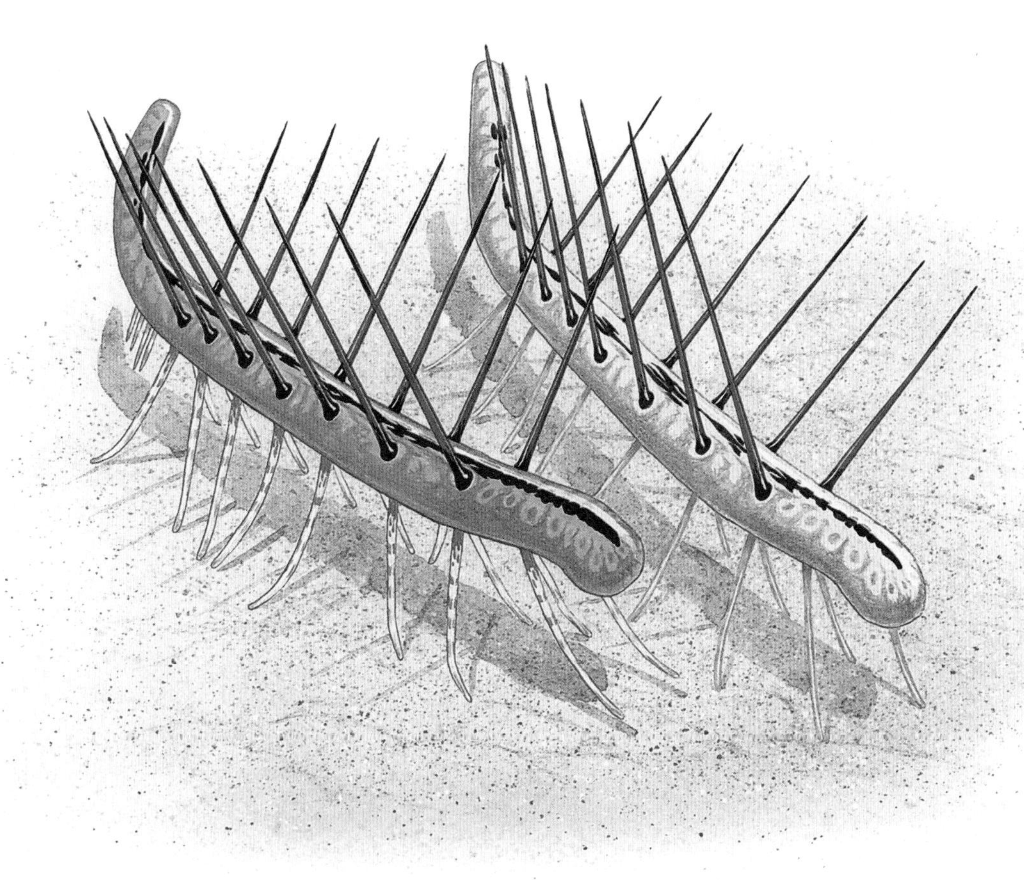

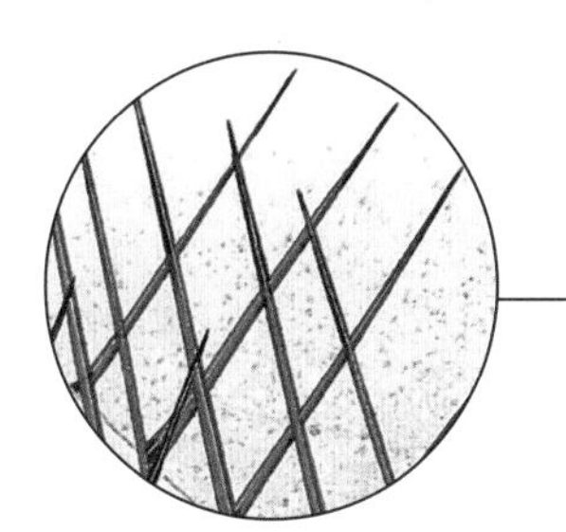

棘刺

我们尚不清楚怪诞虫的棘刺由什么组成。它们并没有被完好地保存，这表明它们比较柔软，因此无法提供足够的保护。

时间轴（数百万年前）

三叶虫

目 · 众多 · 科 · 众多 · 属 & 种 · 众多

重要统计资料

化石位置：世界各地

食性：不同物种间会有差异，大部分三叶虫是食腐动物

体重：未知

身长：0.5~80 厘米

身高：未知

名字意义："三叶"，因为它的身体由三个垂直的叶组成

分布：人们在世界各地都发现了三叶虫，并且每次发现它的岩石中都有其他在海水中生活的动物

化石证据

三叶虫的数量如此之多，以至于有些化石保存了它们完整的外骨骼。许多化石展现了它们遭到天敌攻击的痕迹，例如鱼、巨型鹦鹉螺和其他节肢动物。随着天敌有颌鱼类的进化，三叶虫也发展出了更具保护性的特征，如棘刺。它们也是最早进化出眼睛的生物之一，它们的眼睛由许多小晶体组成。由于确定三叶虫的年代很容易，所以三叶虫是"指准化石"，可以被用来判断它们周围岩石的年代。

史前动物
寒武纪—二叠纪

在这个长期存活的节肢动物群中，已有超过 1.5 万种物种被鉴定出来。事实上，寒武纪时期有时又被称作"三叶虫时代"。

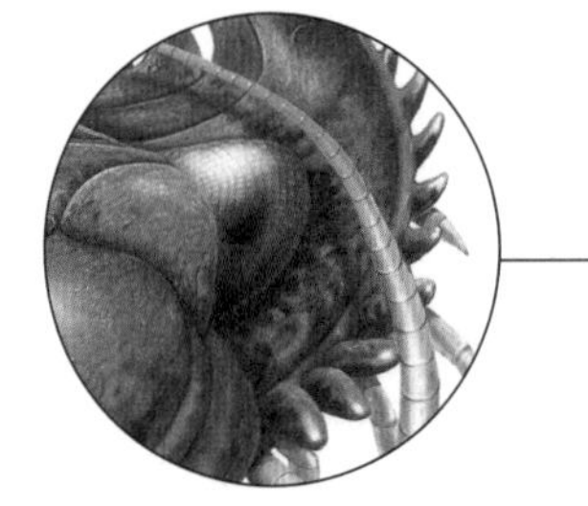

眼睛

三叶虫的眼睛由许多晶体组成。它的眼睛通常复杂且精致，就像那些现代昆虫一样。三叶虫的眼睛对于运动很敏感，有些还可以提供立体视觉。

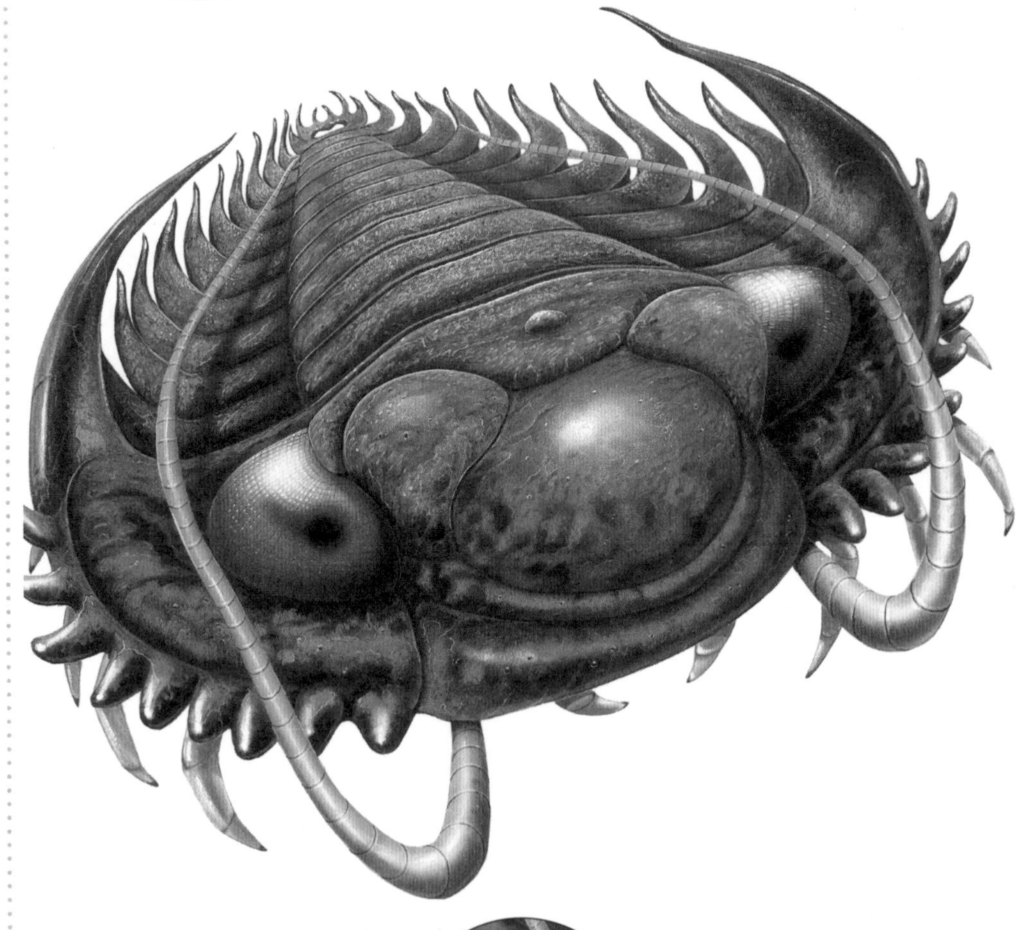

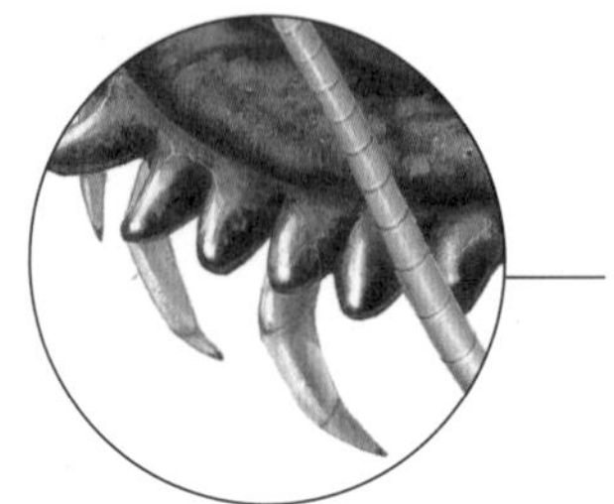

足

三叶虫足部多节并覆盖有棘刺。足可以用来行走，可以抓取食物然后将之塞入嘴中。足上还有能从水中摄取氧气的长丝。

时间轴（数百万年前）

540	505	438	408	360	280	248	208	146	65	1.8 至今

翼肢鲎

目·广翅鲎目·科·翼肢鲎科·属&种·众多

重要统计资料

化石位置：世界各地

食性：食肉动物

体重：未知

身长：2.1米

身高：未知

名字意义："有翅膀的鱼"，因为"翅膀"这个词常被用来指代鳍或桨，而一开始人们认为翼肢鲎是一种鱼；或"有翅膀的耳朵"，这是指它底部一个部位的形状

分布：除了南极洲以外，各大洲都发现了翼肢鲎的化石。由于南极洲当时显然被陆地所环绕，所以没有发现翼肢鲎的化石并不令人惊讶

化石证据

翼肢鲎有许多不同的物种，它的化石十分常见，但是完整的骨骼很少见。这是因为节肢动物会定期蜕皮，脱落的外骨骼会迅速分离。对于像翼肢鲎这么大的动物来说，化石的保存、出土以及复原其全貌都是很困难的。翼肢鲎在志留纪发展繁盛，并一直延续到了泥盆纪。它是目前已知最大的广翅鲎目动物之一，也是有史以来最大的节肢动物之一。

史前动物
志留纪—泥盆纪

翼肢鲎是一种体形庞大、捕食成性的广翅鲎目动物，并进化出了可怕的钳子，又称"螯"。它的最后一对足宛如扁平状的游泳桨，除此之外，它还有一个圆形扁平状的末端肢节（"尾节"），这个部位可以在水中推动它行进。

眼睛

翼肢鲎外骨骼的前缘长着一对巨大的复眼，这充分表明它是视觉捕食者。

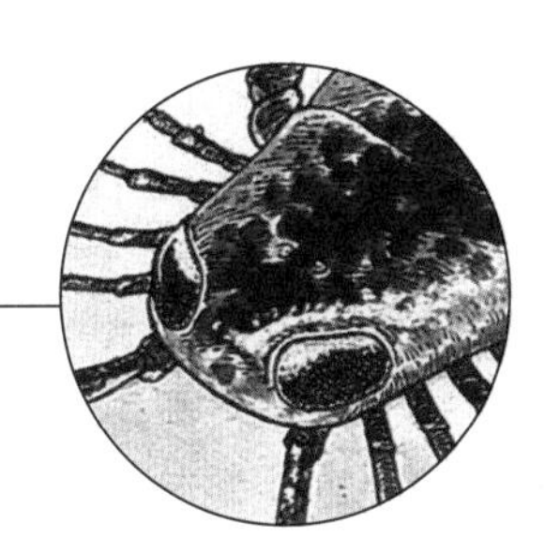

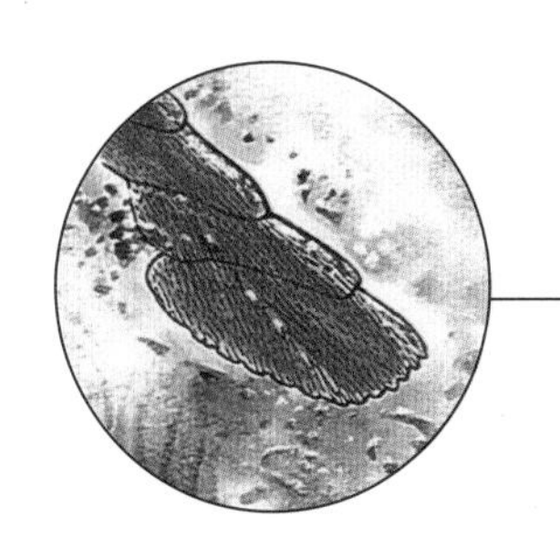

纹理

翼肢鲎的外骨骼具有独特的鳞片状纹理，由此我们能够确认它的肢节会经常脱落（脱节）。

时间轴（数百万年前）

540 | 505 | 438 | 408 | 360 | 280 | 248 | 208 | 146 | 65 | 1.8 至今

菊石

目 · 菊石目，棱菊石目，齿菊石目 · **科** · 众多 · **属 & 种** · 众多

这些早期软体动物没有脊椎。当它们猎杀其他海洋动物时，坚硬的壳可以保护自己。与它们最接近的现代亲戚是章鱼、鱿鱼和墨鱼。

重要统计资料

化石位置：世界各地

食性：食肉动物

体重：未知

身长：直径 0.025~2 米

身高：未知

名字意义：这种动物和羊角长得很像，因此人们称它为阿蒙。阿蒙是古埃及的主神，在人们的描述中也经常戴着角

分布：菊石化石位于世界各地

化石证据

我们通常可以在岩石中发现菊石化石。因为每一种菊石都生活在特定的时代，所以它的化石常常被当作指准化石，可以用来判断周围岩石的年代。菊石最早出现在泥盆纪，一直存活到与非鸟型恐龙一起灭绝。它们通常呈螺旋状，因此早期人们认为它们是由蛇变成了石头。有一组菊石被称为异形体，它展开的外壳宛如扭曲的电线。

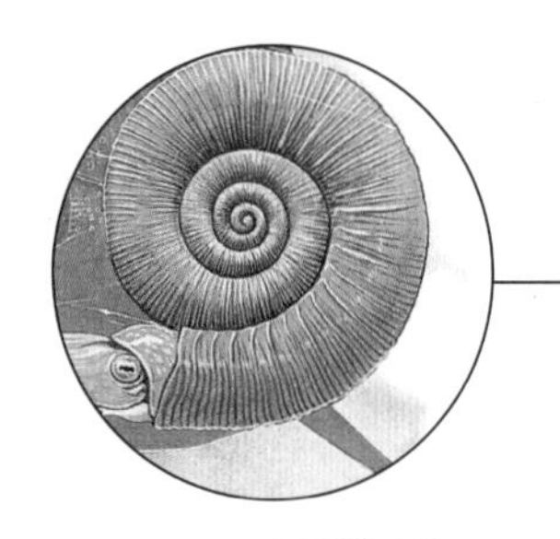

外壳

卷曲的外壳被分成了几个腔室。这些动物住在外室，然后它会通过用水或气体充满其他室来控制自身的浮力，进而控制它在水中的深度。

外壳内部

菊石大部分身体都在外壳末端的那个外室里。我们只能看见它的触须、嘴巴、眼睛和一个被称作虹管的细管。这个管子通过喷水来推动这种软体动物在水中行进。

史前动物
泥盆纪—白垩纪

时间轴（数百万年前）

540	505	438	408	360	280	248	208	146	65	1.8 至今

裂口鲨

目 · 裂口鲨目 · **科** · 未分类 · **属 & 种** · 裂口鲨

这种原始鲨鱼的游泳速度很快，反应灵敏。它们非常成功地存活了1亿年，但是古生物学家仍然不知道它们是如何交配的。

重要统计资料

化石位置：北美洲

食性：食肉动物，吃鱼和其他海洋动物

体重：未知

身长：最长可达2米

身高：未知

名字意义：“有分叉的鲨鱼”，因为它的牙齿有三个齿尖

分布：北美洲的温暖海域

化石证据

由于裂口鲨的骨架中缺少骨头，并且会被快速分解，所以很少会变成化石。我们在一些裂口鲨标本的胃中发现了完整的多骨鱼化石，根据那些多骨鱼化石的位置，可以判断它们是从尾部开始被吃掉的。这意味着裂口鲨会赶上它的猎物，再将猎物拽回自己口中。裂口鲨的嘴长在头部前面。有一个未解之谜是雄性裂口鲨没有用于交配的鳍足，所以无从知道这种生物是如何繁衍的。

身形

这种早期鲨鱼有着简单而符合动力学的身形，同时有着灵巧而轻盈的骨骼，因此可以快速行动。

牙齿

裂口鲨的牙齿光滑且有多个齿尖，利于抓住猎物。

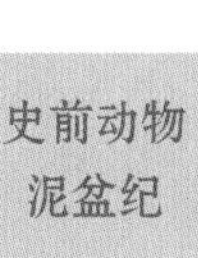

时间轴（数百万年前）

540 | 505 | 438 | 408 | 360 | 280 | 248 | 208 | 146 | 65 | 1.8 至今

真掌鳍鱼

目·骨鳞鱼目·**科**·三列鳍鱼科·**属&种**·众多

作为一种“有腿的鱼”，真掌鳍鱼声名远播。但真掌鳍鱼其实一直生活在远海中，而且就算它们能在陆地上生活，也没有证据表明它们曾这样做过。

重要统计资料

化石位置：加拿大、欧洲

食性：食肉动物

体重：未知

身长：0.027~1 米

身高：未知

名字意义：“强壮的鱼鳍”，它腹鳍内部的骨头很坚硬

分布：人们在加拿大魁北克省的弗拉斯期埃斯屈米纳克地层发现了成千上万的真掌鳍鱼化石，使得它成为全世界被研究得最多的动物之一。另外在苏格兰和俄罗斯也有它的化石

化石证据

由于人们发现了大量真掌鳍鱼的化石，所以这种动物已经成为历史上被研究得最多的动物之一。它们的鳍内骨骼长着一组独特的肌肉叶，看起来很像四肢。因为它们是海洋动物，所以之前有复原图把它们画在陆地上是错误的。它们与四足动物有一些共同特征，比如相似的牙齿和鼻孔。古生物学家推测它们还有强健的肺。虽然标本的大小不一，但通过研究它们的骨骼结构，可以确定它们通常会在一生中经历两次快速生长期。

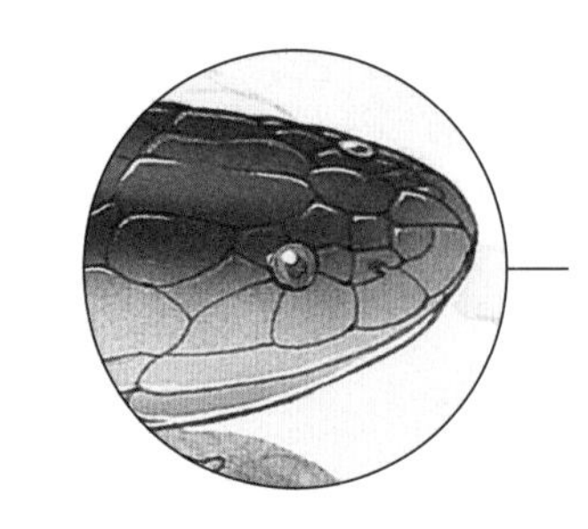

牙齿

真掌鳍鱼的上下颌中都长着小牙齿，而且嘴部稍靠后的地方还长有尖牙。它是一种极难对付的捕食者。

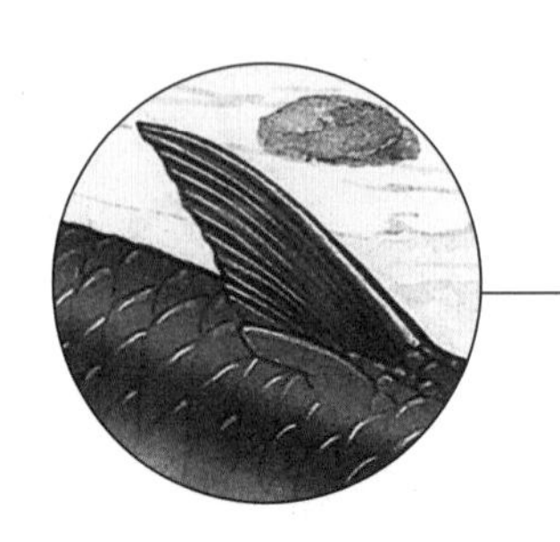

鱼鳍

由于真掌鳍鱼中间的鱼鳍长在身体后侧，而且状似船帆，所以它可以在水中冲刺，从而向猎物发动奇袭。

史前动物
泥盆纪

时间轴（数百万年前）

540 | 505 | 438 | 408 | 360 | 280 | 248 | 208 | 146 | 65 | 1.8 至今

鱼石螈

目 · 鱼石螈目 · 科 · 鱼石螈科 · 属 & 种 · 在鱼石螈属内有各种物种

重要统计资料

化石位置：格陵兰岛

食性：食肉动物

体重：未知

身长：1.5 米

身高：未知

名字意义："鱼顶"，因为它颅骨顶部的骨头形状长得像鱼

分布：所有鱼石螈标本都出现在格陵兰岛东部。第一批化石发现于 20 世纪 20 年代晚期

化石证据

作为生活在泥盆纪晚期的早期四足动物，鱼石螈是最古老且最知名的四足动物之一（与之齐名的还有同样来自格陵兰岛的棘螈）。人们在 20 世纪 20 年代晚期和 30 年代期间收集了大量标本，通过这些标本，人们第一次发现了泥盆纪的四足动物，而且第一次描述了它们。这些标本完好地呈现了鱼石螈的大部分骨骼，然而令人沮丧的是，它的前肢并没有被很好地保存。要知道，想明白四足动物是如何转变成陆地生物的，前肢的模样至关重要。人们习惯将泥盆纪的四足动物称为"两栖动物"，但其实第一个真正意义上的两栖动物在石炭纪才出现。

史前动物
泥盆纪

鱼石螈是一种长有四肢的大型水生脊椎动物。它的头盖骨与同时期的肉鳍鱼类有许多相似之处，它的尾鳍又长又平，可以推进它在水中前行。锋利的牙齿表明它是一个掠食者。

趾

鱼石螈每个后肢都有七个趾。目前我们还不知道它的前肢是什么样子，但它前肢的趾数很可能比现在的脊椎动物要多，如今的脊椎动物的前肢最多只有五个指。

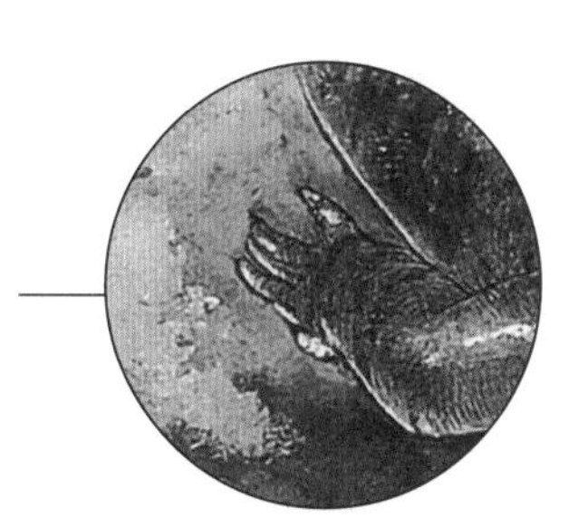

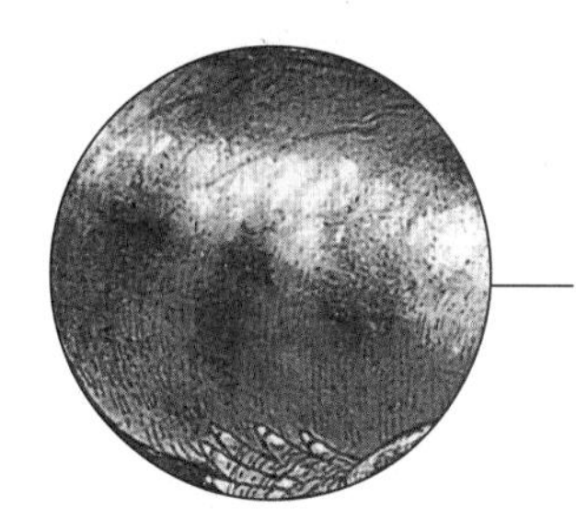

肋骨

鱼石螈的一些肋骨在中间明显变宽，而且与相邻的肋骨大量重叠，这显然会限制它的灵活性。这种身体构造可能与呼吸功能相关。

时间轴（数百万年前）

540	505	438	408	360	280	248	208	146	65	1.8 至今

邓氏鱼

重要统计资料

化石位置：世界各地

食性：食肉动物

体重：1.1 吨

身长：6 米

身高：未知

名字意义：“邓氏的骨头”，人们是以克利夫兰自然历史博物馆前任管理员的名字给这种动物命名的

分布：邓氏鱼是泥盆纪最成功的水生捕食者之一，在世界各地都发现了它的化石

化石证据

最著名的邓氏鱼标本收藏在克利夫兰自然历史博物馆中。由于化石主要保存了它长有装甲的前额，所以我们在复原邓氏鱼时，会依据一些体形较小的节甲鱼目动物进行复原。我们在发现邓氏鱼化石的同时，常常还会发现大量骨头以及一些被吃掉的鱼类的残渣，这表明邓氏鱼会将它消化不了的骨头吐出，或者它可能受到消化不良的折磨。邓氏鱼的甲壳上有没愈合的咬伤，这说明它可能还会同类相食。

史前动物
泥盆纪

毫无疑问，邓氏鱼处于食物链的顶端，而且它是历史上最为凶残的海洋捕食者之一。它的体形和体重表明它不能快速运动，但它有着迅猛而强大的咬合力。它的咬合力强度差不多是暴龙的 4 倍。由于能够施加 5600 千克 / 平方厘米的压力，所以它只需咬一下就可以将它的猎物撕成两半。而且只要它想，任何东西都可以成为它的猎物。

嘴巴

邓氏鱼没有牙齿，但它有两块锋利的骨板形成了喙。邓氏鱼的咬合力就集中在喙上。

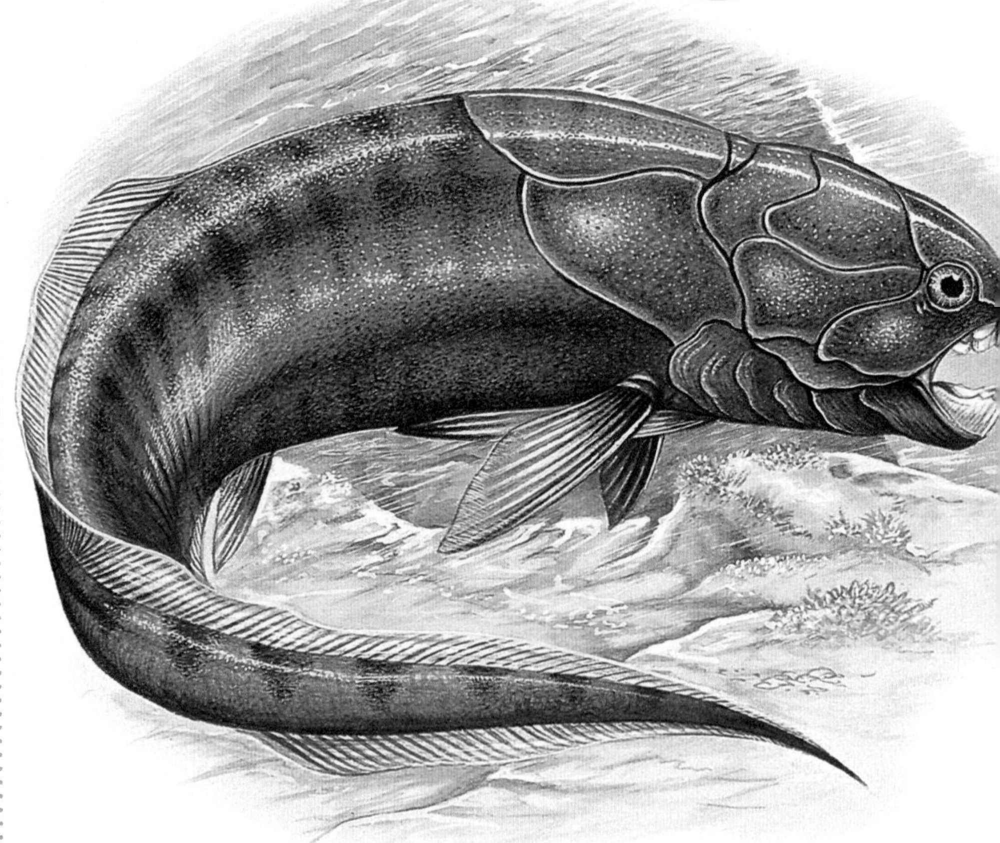

眼睛

邓氏鱼的眼窝被一个环状骨头保护着，我们在其他视觉敏锐的动物身上也发现了这个特征。

目·节甲鱼目·**科**·邓氏鱼科·**属&种**·泰雷尔邓氏鱼

捕猎

邓氏鱼可以极其快速地张嘴，产生一种强有力的吸力，把猎物吸进口中。

繁衍

邓氏鱼可能是最早一批雌性生物体会将幼崽放在体内哺育而不是产卵的动物之一。另一种盾皮鱼的化石可以证明这一点，那种鱼叫作艾登堡鱼母。我们在澳大利亚的戈戈组地层发现了它的化石，化石表明那个雌性生物体死亡时正在生育。在这块化石被发现以前，我们通常认为在盾皮鱼出现了差不多2亿年后，最早一批在体内哺育幼崽的生物才出现。

成功但仅风光一时

邓氏鱼属于盾皮鱼纲，这个纲内的鱼类都有骨甲。但它只有头部和胸部有骨甲保护，身体的其他部分要么是裸露的，要么被鳞片覆盖。它是最原始的有颌鱼类，在当时的环境中处于统治地位，但仅存活了5000万年，而且没有留下任何亲属。与之相反，鲨鱼却存活了4亿年。

时间轴（数百万年前）

540	505	438	408	360	280	248	208	146	65	1.8 至今

腔棘鱼

目·腔棘鱼目·**科**·众多·**属&种**·众多

腔棘鱼曾经是一种只能通过化石了解的硬骨鱼。但最近，印度洋海域的渔民用网抓住了腔棘鱼的活化石。在这 3.6 亿年间，腔棘鱼几乎没有改变。

重要统计资料

化石位置：世界各地

食性：食肉动物，以头足类动物为食，如乌贼、鱿鱼和章鱼

体重：最重可达 82 千克

身长：最长可达 2 米

身高：未知

名字意义："腔"的意思是"中空的"，而"棘"的意思是"脊柱"——这种动物是以一个中空的脊柱支撑着尾鳍

分布：第一批腔棘鱼化石在非洲近岸海域被发现，但后来人们在世界各地都发现了腔棘鱼的化石

化石证据

有一个关于腔棘鱼的谜团是，它在过去 6500 万年中似乎很少形成化石，因为对它我们没有任何发现。这可能是因为它将栖息地迁移到了靠近火山岛的地方，在那里很难形成化石。这种古老的生物有许多独特的特点，使它有别于其他鱼类，其中一个特点就是在口鼻部位有一个"吻部器官"（使用这个器官，它似乎可以让自己在海底直立），而且它的嘴中还有一个独特的铰链式连接，这个连接可以让它的嘴张得特别大。它还有一个分成三叶的尾鳍。

史前动物
泥盆纪至今

眼睛

它巨大的眼睛在视网膜后有一道反光层。腔棘鱼对光高度敏感。

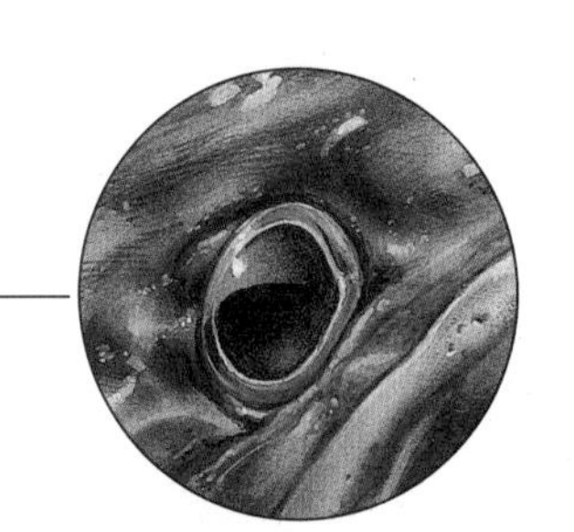

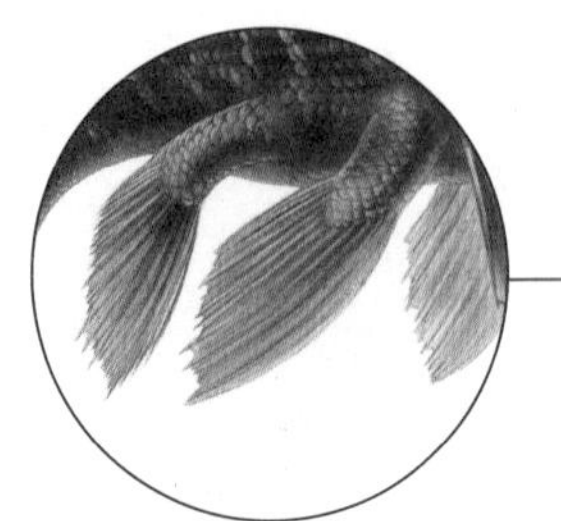

鱼鳍

虽然这种远古鱼类不能行走，但它确实和人类有一些相似之处：和其他鱼类不同的是，它的两只鳍并非同时移动，而是交替移动，这就像我们在走路时交替移动双腿一样。

时间轴（数百万年前）

540	505	438	408	360	280	248	208	146	65	1.8 至今

始螈

目 · 石炭蜥目 · **科** · 始螈科 · **属 & 种** · 始螈

重要统计资料

化石位置：英格兰

食性：食肉动物

体重：560 千克

身长：4.6 米

身高：未知

名字意义：“早期的青蛙”，因为它是一种原始的两栖动物

分布：我们在英格兰的煤层中发现了始螈化石

化石证据

始螈比同时代生活在陆地上的动物都要大。始螈的脊椎数量是大部分两栖动物和爬行动物的两倍，因此它非常灵活，而且可以通过移动它的长尾巴和身体轻松通过沼泽地。它的四肢很短，有助于划水和转向，但这也意味着当它在陆地上移动时，会无法将腹部抬起。始螈主要生活在水里。它会潜伏在浅水中，然后突然冒出来，用长长的嘴巴猛咬住猎物。

始螈长得很像短吻鳄，是一种生活在沼泽中的四足动物。它的尾巴非常长，所以游得很快，能够在水中或是接近水的地方突袭猎物。

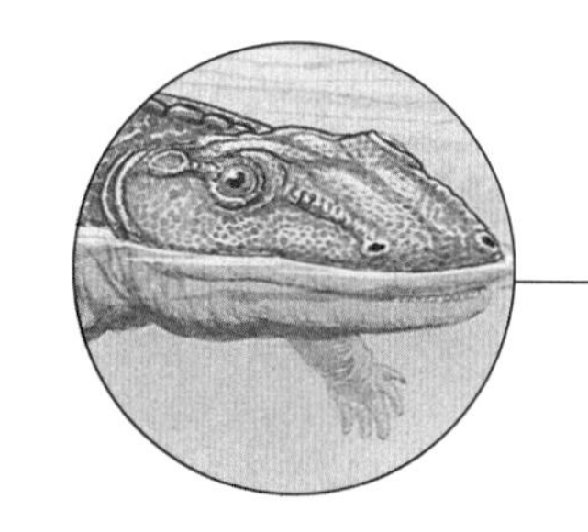

下颌

始螈的头骨又深又窄，下颌肌肉很长，因此咬合力十分强大，其咬合力之强和现代鳄鱼差不多。

牙齿

相较于始螈的巨大体形来说，它的体重较轻，因此可以快速行动。据推测，始螈可以在水下使用致命的“死亡翻滚”让猎物溺毙。

史前动物
石炭纪

时间轴（数百万年前）

540 505 438 408 360 280 248 208 146 65 1.8 至今

林蜥

目 · 大鼻龙目 · **科** · 原古蜥科 · **属 & 种** · 莱氏林蜥

林蜥看起来很可能像现代蜥蜴一样。它的牙齿小而尖锐，沿着下颌线排成一排，这表明它很可能吃小型无脊椎动物，例如千足虫或早期昆虫。

重要统计资料

化石位置：加拿大的新斯科舍省

食性：食肉动物

体重：未知

身长：25 厘米

身高：未知

名字意义："森林漫步者"，因为它的化石都是在原始森林中被发现的

分布：我们在加拿大新斯科舍省乔金斯遗址的石化树干中发现了林蜥的化石。另外，在新不伦瑞克省也发现了林蜥的足迹化石

化石证据

林蜥是生活在石炭纪时期的早期爬行动物。19 世纪时，加拿大地理学家威廉·道森爵士发现了第一批林蜥化石。这种动物标本就在石化松树干的化石中，这些化石位于新斯科舍省著名的乔金斯遗址。树干由于腐烂已经中空，就像是为小型脊椎动物设下的陷阱一样。人们曾在一个树干内发现了 17 副骨骼。近来有些科学家认为这些树干其实是兽穴，而非陷阱。

耳朵

根据林蜥耳部的细节，可以判断出它可能并不擅长听空气中传播的声音。

尾巴

当林蜥迅速奔跑时，尾巴可以起到平衡作用。其他和林蜥身体构造类似的动物，例如现代蜥蜴，也有这一特点。

史前动物
石炭纪

时间轴（数百万年前）

540 | 505 | 438 | 408 | 360 | 280 | 248 | 208 | 146 | 65 | 1.8 至今

节胸

目 · 节肋目 · 科 · 节胸科 · 属 & 种 · 众多

节胸是一种大型节肢动物，身体扁平，大量分节，身体上还有些不平的纹路。它是有史以来已知的最大的陆生无脊椎动物。

重要统计资料

化石位置：北美洲和欧洲（英格兰、苏格兰、德国和荷兰）

食性：食草动物

体重：未知

身长：1.8 米

身高：未知

名字意义："分节的侧面"，因为它的身体鳞片是分节的

分布：古生物学家在美国的俄亥俄州、宾夕法尼亚州、伊利诺伊州、堪萨斯州和新墨西哥州以及加拿大和欧洲都发现了节胸的身体化石和足迹化石

化石证据

节胸是蜈蚣和千足虫在石炭纪晚期的亲戚。它的大多数化石都是孤立的身体碎片，偶尔有一些几乎完整的标本。除了上述两种化石之外，人们还发现了一些它留下的巨大足印。可能是因为当时陆地上没有什么大型捕食者，所以节胸才可以进化出这么大的身体。另外，它庞大的身形也可能与当时充足的氧气环境有关。

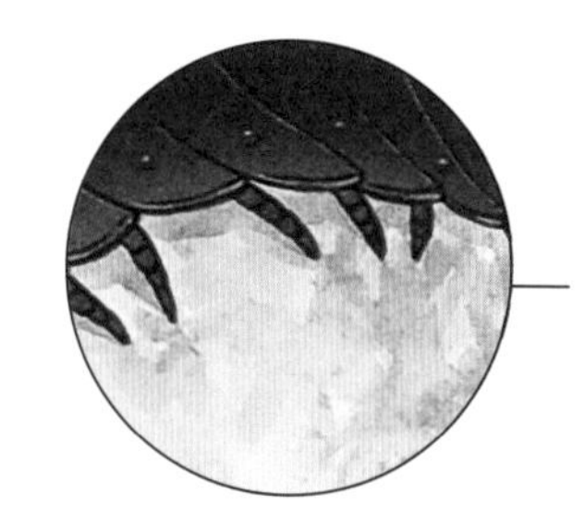

足印

节胸的足迹化石被称作"平行双足印"。有时它的化石也会显示出一种蜿蜒前行的痕迹。

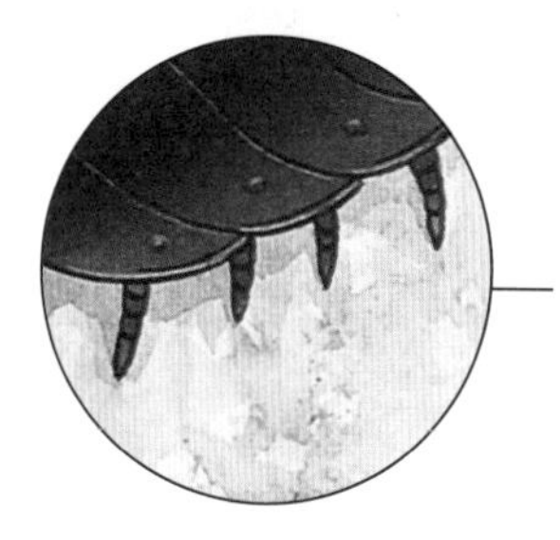

足

节胸的足上也有大量分节，这个特征可以将它与蜈蚣和千足虫区分开。

史前动物
石炭纪晚期

时间轴（数百万年前）

540	505	438	408	360	280	248	208	146	65	1.8 至今

广翅鲎

目·剑尾目·**科**·众多·**属&种**·众多

重要统计资料

化石位置：世界各地

食性：杂食动物

体重：5.5吨

身长：0.1~2.4米

身高：未知

名字意义："宽大的翅膀"，因为其中许多物种都有扁平的、用以游泳的桨叶状结构

分布：我们在世界各地都可以发现广翅鲎的化石。美国纽约州的志留纪沉积层中的化石量尤其丰富，该沉积层提供了大量能够证明广翅鲎多样性的标本

化石证据

我们可以在奥陶纪与二叠纪的古生代岩石中发现广翅鲎的化石。它们留下的足迹表明，它们可能早在寒武纪时期就存在了。完整的标本可能在某些岩层中比较常见，但更常见的还是分离的身体碎片，因为所有节肢动物都会在成长过程中时不时蜕下外骨骼。要想复原体形巨大的广翅鲎，包括它的骨骼结构和外观，我们必须依据许多分离的碎片——一种动物的体形越大，要完整保存它的难度也越大。

史前动物
奥陶纪—二叠纪

作为节肢动物，广翅鲎有分段的外骨骼和分节的足。它们的尾巴要么是尖刺（就像它们的现代亲戚蝎子一样），要么是扁平的游泳桨。

桨

许多广翅鲎的最后一对足是两只游泳桨，这表明它们是会游泳的动物。

性别

许多广翅鲎物种的化石都被保存得很完好，而且由于其化石数量很丰富，所以科学家能够说出雄性广翅鲎和雌性广翅鲎的区别是什么。

时间轴（数百万年前）

540 505 438 408 360 280 248 208 146 65 1.8 至今

巨头螈

目·离片锥目·**科**·双疏螈总科·**属 & 种**·阿氏巨头螈

巨头螈是一种大型两栖动物，笨重的甲胄可以保护它免受食肉动物的伤害。它或许可以用发达的听力在黑暗中定位猎物。

重要统计资料

化石位置：美国

食性：食肉动物

体重：未知

身长：40 厘米

身高：未知

名字意义：“不好的面孔”，可能是因为它的头部又宽又大

分布：我们在美国得克萨斯州贝勒县的巨头螈骨床和俄克拉荷马州的锡尔堡发现了巨头螈化石，不过那些化石保存得不太好

化石证据

巨头螈是一种有甲胄的两栖动物，我们对它的兴趣主要集中在它的耳凹上。耳凹是指巨头螈的每只眼睛后面会有一个被骨头环绕的开口，开口由一层薄膜覆盖，这层膜可能像鼓膜一样，获取声音并振动发声。这样的器官使巨头螈可以在黑暗中辨别出小型陆地生物，然后将其一口吞下。巨头螈看起来是一种在夜间活动的陆地捕食者，而且还能潜入水中进行防御或是寻找其他猎物。

史前动物
二叠纪

头

巨头螈的身体又宽又壮，长着一颗硕大的脑袋。笨重的四肢支撑着整个身体，呈现出一种懒散的姿态。巨头螈的动作可能相当笨拙。

防御

巨头螈的身体被骨质鳞片覆盖，因此它可以很好地抵挡食肉动物的侵害。在脊椎部位，巨头螈更是有两层骨质鳞片。很明显，巨头螈无法快速行动，所以就需要有其他方式来保护自己，以免成为当地食肉动物的盘中餐。

时间轴（数百万年前）

540 | 505 | 438 | 408 | 360 | 280 | 248 | 208 | 146 | 65 | 1.8 至今

阔齿龙

目·阔齿龙形目·**科**·阔齿龙科·**属&种**·初始阔齿龙，大型阔齿龙，细螺阔齿龙

阔齿龙是一种巨型动物。它拖着长达3米的矮壮身躯穿梭于二叠纪森林，将植物连根拔起。阔齿龙是最早的食草脊椎动物之一。

重要统计资料

化石位置：北美洲和欧洲

食性：食草动物

体重：100千克

身长：最长可达3米

身高：未知

名字意义："阔齿龙"，因为它有一口锋利的牙齿

分布：古生物学家在北美洲尤其是在美国得克萨斯州以及欧洲都发现了阔齿龙的化石

化石证据

由于阔齿龙同时拥有近似两栖动物的头骨和爬行动物的身体，所以早期古生物学家认为它是两栖动物和爬行动物的过渡。但事实并非如此。还有一种猜测说阔齿龙会用强有力的指爪向地下挖洞，就像鼹鼠一样。然而，现在普遍认为它只是用爪子将植物挖出来而已。由于阔齿龙有部分次级腭，所以与许多高度进化的爬行动物不同，它可以同时呼吸和咀嚼食物。这个特征很有用，因为像阔齿龙这么大的动物，要吃大量植物才能存活。

牙齿

阔齿龙有8颗钉子似的门牙，可以大口大口地将植物咬掉，然后用臼齿碾碎。

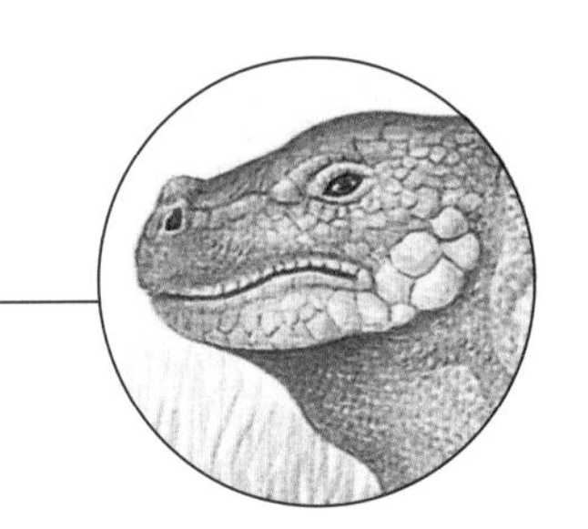

陆生

阔齿龙具备许多陆生动物的特征，如厚重的头骨、沉重的脊椎和肋骨，还有粗壮的四肢。

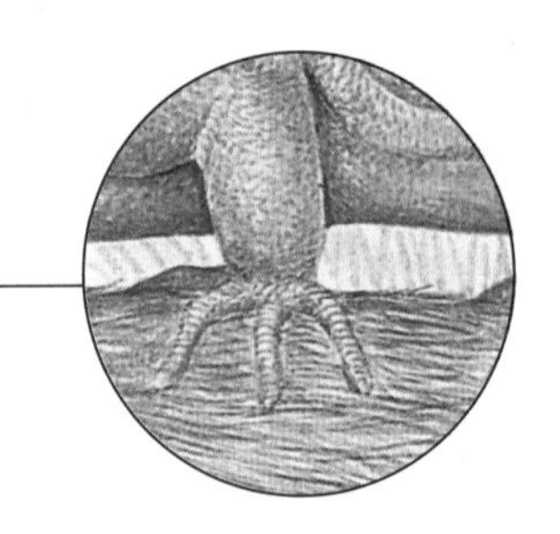

时间轴（数百万年前）

540 | 505 | 438 | 408 | 360 | 280 | 248 | 208 | 146 | 65 | 1.8 至今

引螈

目·离片锥目·**科**·未知·**属&种**·大头引螈

作为当时最大的陆生动物之一，引螈是非常凶猛的捕食性两栖动物。它那一口尖利的牙齿可以用来捕捉猎物，然后直接将猎物吞下。

重要统计资料

化石位置：美国

食性：食肉动物

体重：90千克

身长：1.5~2米

身高：约35厘米

名字意义："大长脸"，因为它绝大部分头骨都在眼睛前面

分布：大部分引螈化石都位于美国南部的得克萨斯州，但也有部分化石在美国东部和新墨西哥州

化石证据

引螈很好地展现了生物是如何从水生环境向陆生环境适应的。它进化出了强壮的四肢，从而可以离开水体活动，同时它也进化出了强健的脊椎骨，可以防止身体下垂。它的鱼颌骨进化成了一个简单的耳朵器官。引螈的尾巴很短，表明它无法在沼泽中游得很快。它很可能是靠偷袭进行捕猎的，它会低伏身体或是将部分身体潜入水中，就像现代鳄鱼一样。

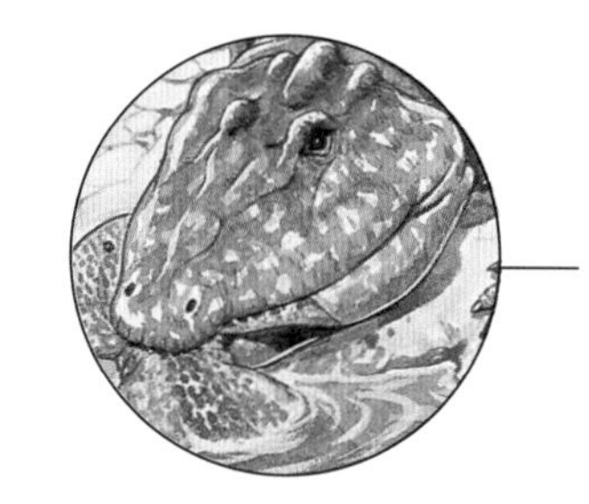

头

引螈的头骨扁而宽，而且长达60厘米。一旦它的下颌张开，就会露出用来咬住猎物的尖牙。但引螈不能咀嚼，所以它会将猎物整个吞下。

后肢

由于引螈身体的重量都压在了短粗的后肢上，所以它无法跑起来，只能迈很短的步子。引螈近亲的足迹化石显示出它缓慢而笨拙的步态。

时间轴（数百万年前）

540	505	438	408	360	280	248	208	146	65	1.8 至今

中龙

目·中龙目·**科**·中龙科·**属 & 种**·细齿中龙，巴西中龙

重要统计资料

化石位置：南美洲和南非

食性：鱼或浮游生物

体重：未知

身长：0.95 米

身高：未知

名字意义：“中间的蜥蜴”，因为它和其他动物有多种进化中的亲缘关系

分布：我们在非洲南部和南美洲南部发现了中龙化石。中龙化石只会出现在淡水沉积岩中，而且通常保存完整

化石证据

中龙是第一批在祖先已经适应陆地生活之后，又重新回到水中生活的四足动物之一。我们经常在大西洋南侧的陆地沿岸淡水区发现中龙化石。通过对中龙的观察，我们可以确定它是无法横渡海洋的。当大陆漂移说在 20 世纪早期被提出时，上述两点还在一定程度上证明了该学说的正确性。事实证明，在中龙存活的时代，大西洋尚未形成，它的两个栖息地是连在一起的，而且都是超级大陆——泛大陆的一部分。

史前动物
二叠纪

中龙是能在淡水中游泳的动物，它的脚蹼和扁平的长尾巴都证明了这一点。由于中龙的鼻孔长在头骨上方，因此它只需要将头部上方露出水面就能呼吸。

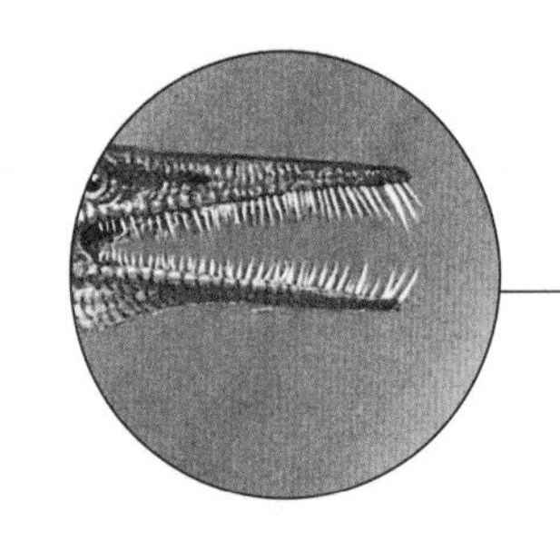

牙齿

中龙的牙齿又多又细，有些科学家认为这样的牙齿是食鱼动物的典型特征。

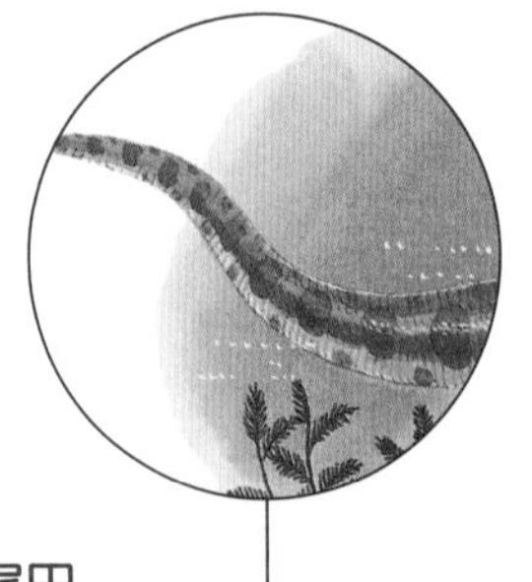

尾巴

中龙为了在水中前行，进化出了一些适应性特征，其中就包括它的尾巴。它扁平的尾巴十分灵活，可以推动它前行。

时间轴（数百万年前）

540	505	438	408	360	280	248	208	146	65	1.8 至今

麝足兽

目·兽孔目·**科**·貘头兽科·**属&种**·众多

麝足兽是一种笨重的合弓纲食草动物，它的前肢向两侧伸展，后肢较短且直立。前后肢的长度差异使得它的背部呈一定坡度向尾巴延伸。它的尾巴很短。

重要统计资料

化石位置：南非

食性：食草动物

体重：超过1吨

身长：5米

身高：未知

名字意义："小牛的面孔"，因为它长着一张像牛一样的脸

分布：我们在南非发现了麝足兽化石，但在俄罗斯也发现了其他与麝足兽同属貘头兽科的动物

化石证据

古生物学家在南非卡鲁区的二叠纪岩石中发现了大量麝足兽的头骨和骨骼的化石，古生物学家就是通过研究这些化石来了解麝足兽的。由于这些巨大而沉重的头骨十分坚固，因此很容易被保存下来。过去，这些化石被赋予了许多名称，随着研究进一步深入，人们发现这些名字的意思逐渐趋同，最终都指向麝足兽。

牙齿

麝足兽口中的所有牙齿都似短钉一般，其边缘宛如凿刀。这表明麝足兽是食草动物。

足迹

最近，古生物学家在南非卡鲁地区的岩石中发现了麝足兽近亲的足迹化石。该地区在二叠纪时期是一片洪泛平原。

史前动物
二叠纪

时间轴（数百万年前）

540 505 438 408 360 280 248 208 146 65 1.8至今

帆螈

目·离片锥目·**科**·双疏螈总科·**属 & 种**·灰白帆螈

重要统计资料

化石位置：美国（得克萨斯州、犹他州、新墨西哥州和科罗拉多州）

食性：食肉动物

体重：未知

身长：0.9 米

身高：未知

名字意义：“扁平的豪猪”，因为它有平直的背棘

分布：古生物学家只在美国发现了帆螈化石。不过与它同科的其他动物在欧洲也有被发现，而且分布更广

化石证据

有些动物的背上会长着许多又长又直的棘突，这些动物的历史十分悠久，它们至少在3亿年前就出现了，其中包括恐龙、恐龙的近亲、一些“两栖动物”和合弓纲动物（哺乳动物及它们的祖先）。那些又长又窄的棘突很可能是用来支撑背帆的，人们通常认为背帆可以调节体温。另外一些更重的棘突可能就像现代野牛的背部突起一样。帆螈的背棘有显眼的曲线和纹理。

帆螈是一种陆生的离片锥目动物，它的背部有一个独特的背帆。这个背帆看起来像是由一排排重叠的骨板进化而来的，这些骨板曾长在帆螈祖先的脊柱上。背帆可能使帆螈的背部更加强壮，也可能提供了某种盾甲般的保护。

甲胄

石炭纪晚期到二叠纪早期的双疏螈总科动物都有发达的四肢和坚固的脊椎。

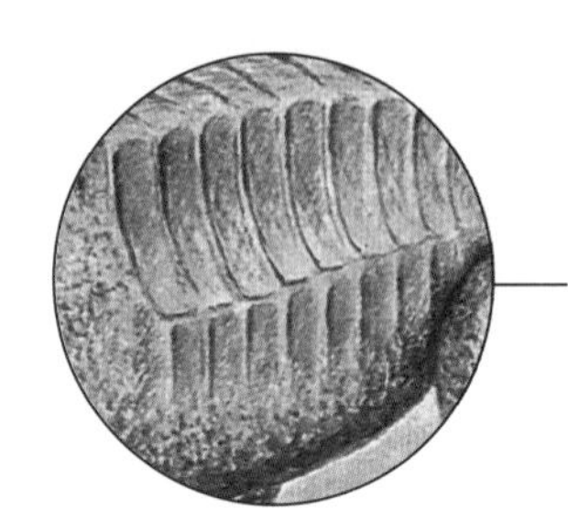

皮内成骨

帆螈的肋骨上附着着粗糙的骨皮（骨板），这些骨皮可起到一定的保护作用。

史前动物
二叠纪

时间轴（数百万年前）

540 | 505 | 438 | 408 | 360 | 280 | 248 | 208 | 146 | 65 | 1.8 至今

盾甲龙

目 · 前棱蜥亚目 · 科 · 锯齿龙科 · 属 & 种 · 盾甲龙

重要统计资料

化石位置：俄罗斯

食性：食草动物

体重：未知

身长：可能超过 3.3 米

身高：未知

名字意义："有盾甲的爬行动物"，因为它的身体被骨甲覆盖

分布：发现于俄罗斯二叠纪岩石的盾甲龙举世闻名。而南非的二叠纪岩石则很好地保存了与盾甲龙同属合弓纲的其他动物

化石证据

俄罗斯的二叠纪岩床中有丰富的脊椎动物化石，它也因此世界闻名。在其中一处挖掘地点，人们在河道的沙洲中同时发现了好几副盾甲龙的骨骼。一些盾甲龙是以站立的姿态被发现的，表明这种动物会陷入泥泞的沼泽之中，那时它可能正在吃植物。一些科学家根据这种观察结果，认为盾甲龙可能是一种水生动物，相较于大部分时间生活在陆地上的动物而言，生活在水中的动物更不容易陷入泥泞之中。

史前动物
二叠纪

盾甲龙是一种有甲胄的大型食草锯齿龙科动物。锯齿龙科动物生活在二叠纪时期，与哺乳动物一样，也是合弓纲动物。它们有矮壮的身躯、较短的尾巴，通常它们头骨的结构很复杂。

耳朵

人们在一些锯齿龙科动物身上发现了细长的内耳骨（镫骨），这表明它们可以听到空气中传播的高频声音。

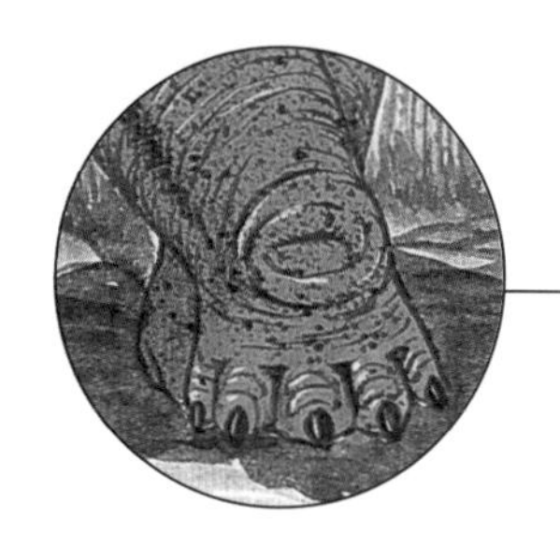

腿

为了支撑它庞大的身躯，盾甲龙的腿是直接位于身体下方的，这与大多数爬行动物都不一样。现在只有内温脊椎动物是这样的。

时间轴（数百万年前）

540	505	438	408	360	280	248	208	146	65	1.8 至今

西蒙螈

目 · 西蒙螈目 · **科** · 西蒙螈科 · **属 & 种** · 贝氏西蒙螈，散氏西蒙螈，格氏西蒙螈，阿氏西蒙螈

由于西蒙螈是在爬行动物的身体上长了两栖动物的脑袋，所以我们无法知道它到底是爬行动物还是两栖动物。许多古生物学家认为它是一种爬行形态的动物，也就是说它虽然是一种两栖动物，但后来这种两栖动物进化成了爬行动物。

重要统计资料

化石位置：北美洲

食性：杂食动物

体重：15 千克

身长：60 厘米

身高：未知

名字意义："西蒙" 是美国得克萨斯州的一个小镇的名字，在那里人们第一次发现了这种动物

分布：人们首先在美国得克萨斯州发现了西蒙螈，后来又在犹他州、俄克拉荷马州和新墨西哥州发现了其他标本，而且在德国还有一个欧洲分支

化石证据

由于存在一些立体的骨骼化石，所以我们可以精确复原西蒙螈的头骨。人们一般认为雄性西蒙螈的头骨会特别厚，因为当它们在争夺交配权时，可能会用头骨相撞。西蒙螈的皮肤很干燥，可以保存水分，因此它能在远离水源的情况下长时间存活。它的前肢和小腿都很短，无法快速移动。由此可知，这种四足动物可以很好地适应陆地生活，可以在二叠纪干燥的气候下寻找食物，或许除了产卵，它极少回到水中。

鼻腺

西蒙螈可以在陆地上生活很久，这可能是因为它的鼻子里有一个腺体，能够将血液中多余的盐分排出。一些现代爬行动物也能做到这一点。

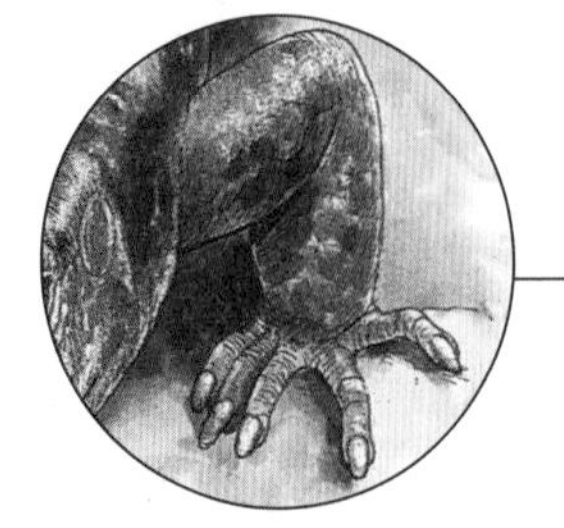

腿

西蒙螈的腿又长又强壮，所以它可以在远离水源的情况下寻找食物。西蒙螈可能以昆虫、小型脊椎动物和腐肉为食。

时间轴（数百万年前）

540	505	438	408	360	280	248	208	146	65	1.8 至今

杨氏蜥

目·始鳄目·**科**·杨氏蜥科·**属&种**·南非杨氏蜥属

杨氏蜥生活在二叠纪晚期，是一种长得像蜥蜴的爬行动物。它的咬合力很强，颚内长着如刀片般的细小牙齿。

重要统计资料

化石位置：南非

食性：蜗牛和昆虫

体重：未知

身长：30~45 厘米

身高：未知

名字意义：取名“杨氏蜥”是为了纪念一位苏格兰化石收藏家约翰·杨

分布：古生物学家在南非的卡鲁岩层发现了杨氏蜥的化石

化石证据

杨氏蜥的许多特征在现代蜥蜴身上也能看到，比如宽胸骨、短脖子、长尾巴和细长的趾头。长长的脚趾和手指或许可以帮它挖地或爬树。杨氏蜥属于双孔亚纲，这类动物的特点是头骨上有颞颥孔，颞颥孔附着强壮的肌肉，这可能让它们的下巴更加有力。杨氏蜥在二叠纪晚期大灭绝时消失，但是今天的蜥蜴和蛇都可以算是它的近亲。

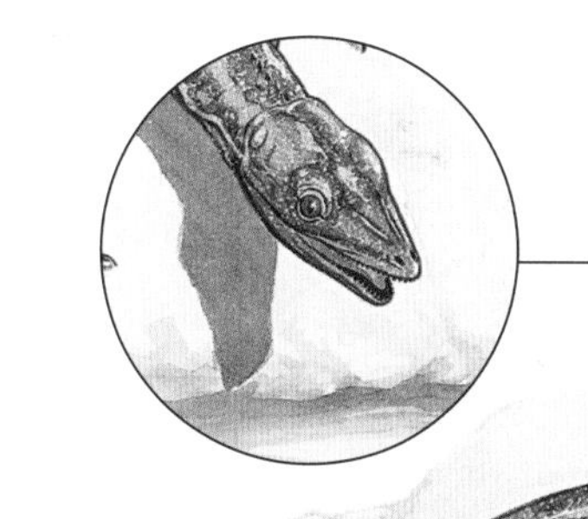

鼻子

杨氏蜥的鼻子又细又长，身体十分瘦小，这表明杨氏蜥是种穴居动物，它很可能住在地下或在遭遇捕食者时躲回洞穴寻求掩护。

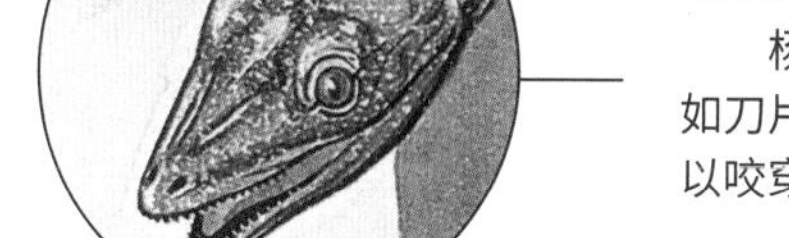

牙齿

杨氏蜥有强大的咬合力和如刀片般锋利的牙齿，因此可以咬穿猎物坚硬的皮肤。

时间轴（数百万年前）

540 505 438 408 360 280 248 208 146 65 1.8 至今

异齿龙

重要统计资料

化石位置：美国和欧洲

食性：食肉动物

体重：未知

身长：3.3 米

身高：1.2 米

名字意义："两种形态的牙齿"，因为它同时有着切割用的牙齿与锐利的犬齿

分布：人们在美国和欧洲的二叠纪沉积岩中发现了异齿龙的化石。由于这些陆地板块在二叠纪时期都是连在一起的，所以这并不让人惊讶

化石证据

异齿龙的化石常见于美国得克萨斯州的二叠纪岩层，19 世纪 70 年代人们在那里发现了第一批化石。异齿龙的名字是由著名古生物学家爱德华 · 德林克 · 科普取的。目前我们已经在美国和欧洲发现了 15 种异齿龙。异齿龙用来支撑背帆的骨棘是脊椎的延伸，骨棘一旦矿化就极其脆弱。因此要发现完整的异齿龙非常困难，同时要想完好地挖掘它们也很困难。正是因为这一点，在展出这种具有标志性意义的动物化石时必须格外小心。

史前动物
二叠纪

异齿龙是一种大型的早期合弓纲掠食性动物，合弓纲动物是脊椎动物下的一个分类，包含了哺乳动物和它们的祖先。异齿龙的背上有一个庞大的背帆。其他相近的草食或肉食的合弓纲动物，如棘龙、伊安忒龙或者相似度低一些的楔齿龙都有近似的背帆。

背帆

这种动物最突出的特征就是它的背帆，很多人认为背帆具有调节动物体温的功能。

占据统治地位的捕食者

异齿龙在它生存的时代是占据统治地位的捕食者，敌人若攻击它必定会自食苦果。或许正是如此，与一些弱势动物需要跑得很快从而逃离天敌不同，异齿龙不需要跑得很快。异齿龙会吃一些比它小很多的猎物，例如其他脊椎动物。

目·盘龙目·**科**·楔齿龙科·**属&种**·在异齿龙属内有各种物种

颜色

许多科学家认为背帆的颜色可以随着动物情绪的变化而改变。

牙齿

与当时许多其他四足动物不同，异齿龙嘴中的牙齿不止一种形态，这一特征被它后来的亲戚——哺乳动物发扬光大了。

异齿龙

目·盘龙日·**科**·楔齿龙科·**属&种**·在异齿龙属内有各种物种

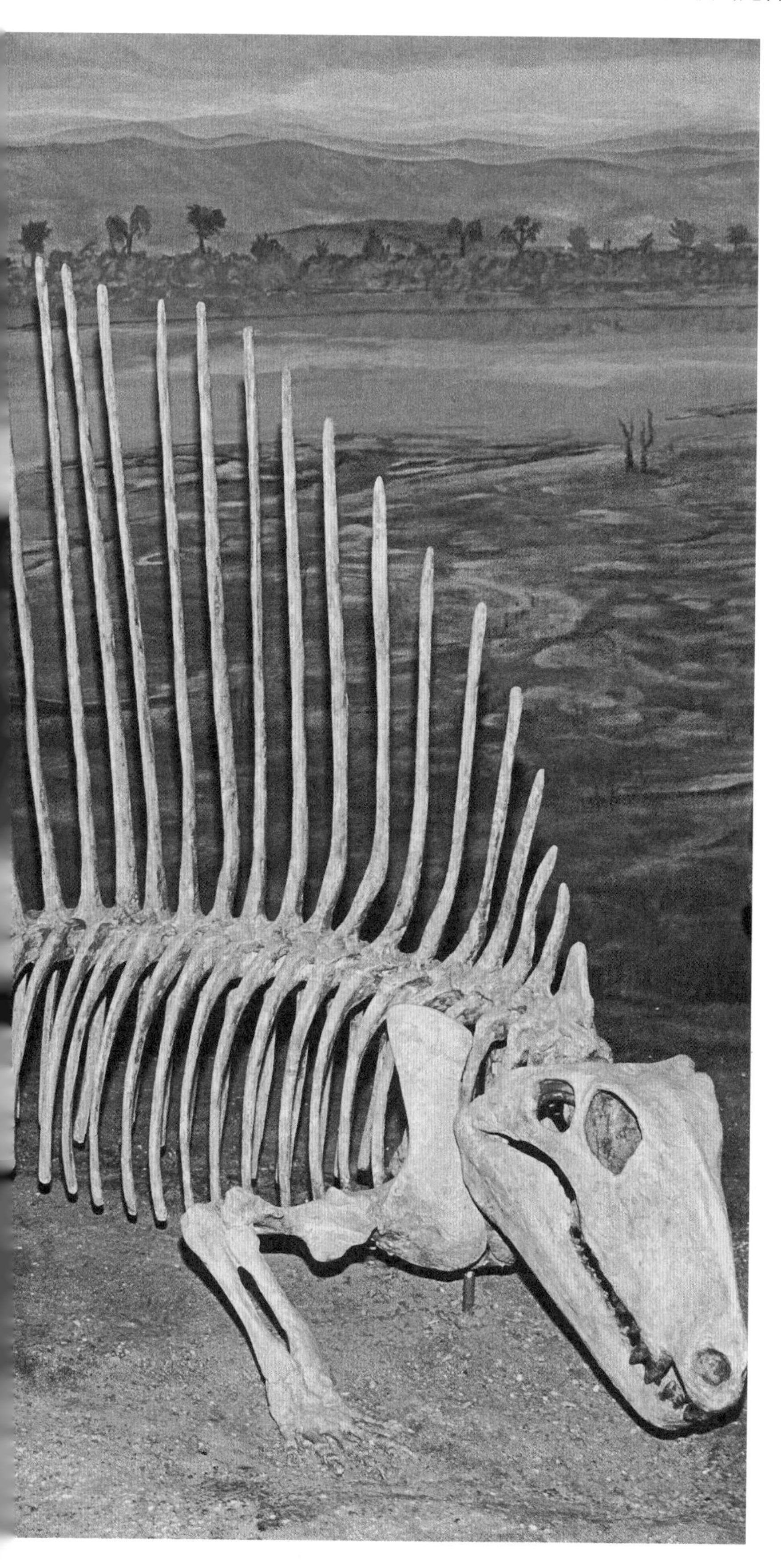

异齿龙的背帆

大众常常会将异齿龙归类为恐龙。实际上，它比恐龙早出现了4000万年，而且被归类为盘龙目。盘龙目是脊椎动物下的分类，盘龙目动物的背上都有背帆。背帆除了可以调节体温之外，还可以在求偶阶段吸引雌性异齿龙，同时背帆还可以对其他捕食者起到警示作用，因为它能让异齿龙看上去比实际大得多。

科学家认为背帆作用的机制是这样的：被皮肤覆盖的背帆可以从阳光中吸收热量，从而温暖身体。如果这种动物因为吸收过多热量而有危险，它可能就会将背帆转个角度，不直接对着太阳，让温度降下来。这是一种非常有效的系统，使得异齿龙可以在白天活跃更长时间，从而提高它寻找食物和抵御天敌的能力。

笠头螈

重要统计资料

化石位置：美国

食性：食肉动物

体重：未知

身长：1 米

身高：未知

名字意义：“笠头螈”，因为它的头骨很像斗笠

分布：人们在如今美国的得克萨斯州和俄克拉荷马州发现了笠头螈化石

化石证据

人们在美国得克萨斯州的红岩层发现了一些笠头螈标本。在这些化石被发现之前，人们几乎没有发现古生代存在的记录。古生代时期于 5.4 亿年前开始，于 2.5 亿年前结束。得克萨斯州红岩层在 1877 年被发现，至今人们已在那里发现了成千上万的标本和许多不同的物种，笠头螈的化石十分常见。

笠头螈比恐龙早出现了 2000 万年。它那像回力镖一样的头十分引人注目，这样的头型或许可以通过向侧面甩动起到防御作用。笠头螈身长只有 1 米，它的腿又瘦又短，只能匍匐前进，但是通过尾巴的推进，它可以在水中快速行动。作为一种两栖动物，它的鳃或许可以一直保留到成年，因此它能长时间潜在水下观察猎物——很可能是鱼和昆虫——并用锋利的牙齿将之撕成碎片。它会将卵产在水里或至少是潮湿的地方，这些卵就可能会被孵化成幼崽。

头

笠头螈头部的宽度是长度的 6 倍，即便是最大型的捕食者也难以将之下咽。

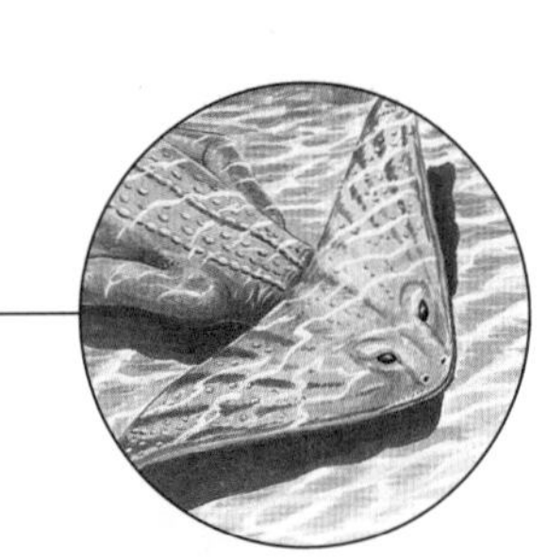

眼睛

笠头螈巨大的眼睛长在头顶上，表明它会安静地待在湖底，注视着水面上的猎物。

生存的优势？

幼年笠头螈不像成年笠头螈一样有这么奇怪的头型。这种回力镖模样的骨头长得很慢，它不断增长的尺寸正是成熟的标志。在同一时期，还有一种两栖动物——镖头螈也有着极宽的头骨，说明这种奇怪形状的头型会提供生存优势。它就像一个水翼船，可以逆流前行。

目·奈克螈目·**科**·笠头螈科·**属&种**·笠头螈

尾巴

笠头螈的尾巴虽然短小，但是相当有力。笠头螈很可能是靠尾巴的推进，在水中左右移动的。

分类难题

笠头螈究竟如何分类？是四足动物、迷齿亚纲动物、两栖动物、壳椎亚纲动物，还是奈克螈目动物？四足动物有四条腿；迷齿亚纲动物的牙齿被牙质包围，形成如迷宫般复杂的结构；两栖动物是冷血脊椎动物，既能生活在陆地上也能生活在水中；壳椎亚纲动物是存在于石炭纪和二叠纪的一种两栖动物，它脊椎的形状宛如沙漏；而奈克螈目动物则是一种壳椎亚纲两栖动物，神经棘长得像锅铲一样。

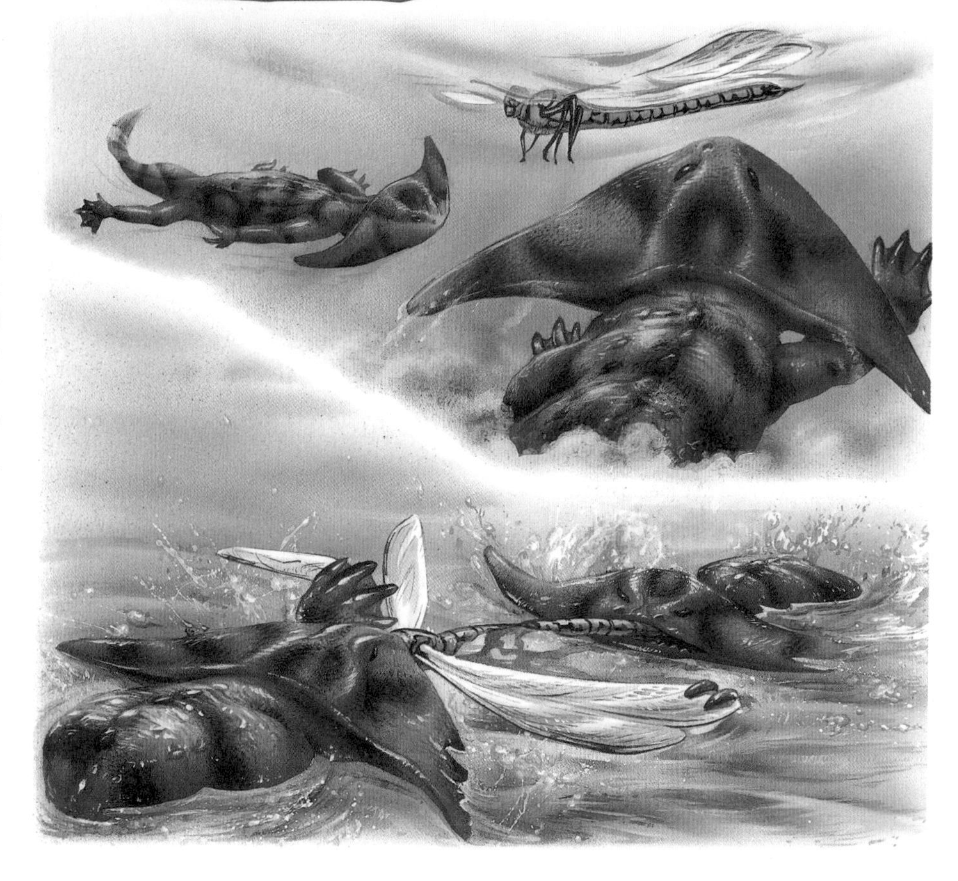

时间轴（数百万年前）

540 | 505 | 438 | 408 | 360 | 280 | 248 | 208 | 146 | 65 | 1.8 至今

空尾蜥

目·鸟头龙目·**科**·空尾蜥科·**属 & 种**·空尾蜥

空尾蜥是已知最早的能够滑翔的爬行动物之一。它的翅膀构造非常独特，不过这一构造在 2.5 亿年前与空尾蜥一同消失了。

重要统计资料

化石位置：欧洲和马达加斯加

食性：昆虫和小型动物

体重：未知

身长：30 厘米

身高：未知

名字意义："中空蜥蜴的祖先"，因为它可以在空中滑翔，并且有着长长的尾巴

分布：人们在德国、英格兰（这两个地方在二叠纪时期是连在一起的）和马达加斯加发现了空尾蜥的化石

化石证据

空尾蜥的翅膀可以伸缩，它是由身体两侧的皮肤长成的。翅膀由杆状骨头支撑，令人惊讶的是，这些骨头并没有附着在胸腔上。当空尾蜥从树上起飞时，翅膀会像弯曲的纸扇一样打开。细长的尾巴可以帮空尾蜥保持身体稳定，可能还能帮它控制方向。在滑翔时，空尾蜥可能会通过伸展双臂控制飞行方向。空尾蜥的前肢末端有灵活的爪子，使它能够抓紧栖木。

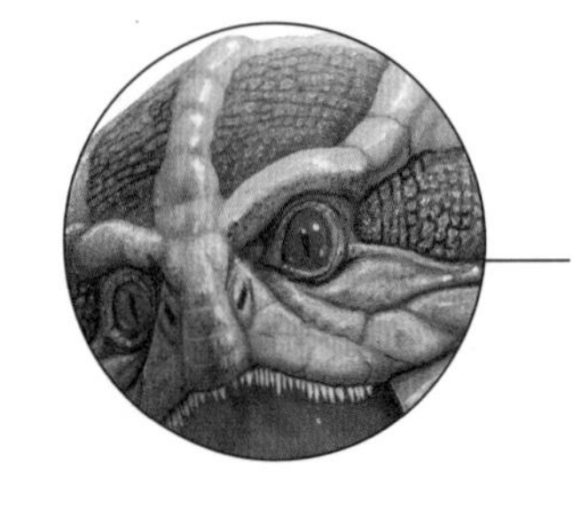

头骨

空尾蜥的头骨像蜥蜴，重量比较轻。它的鼻子很尖，颚内长有锋利的牙齿。

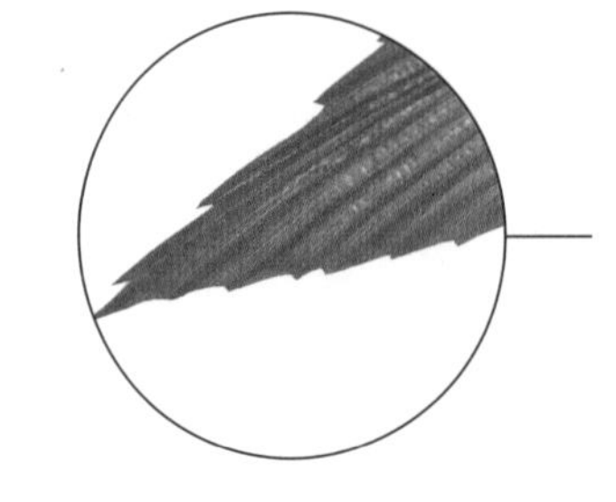

翅膀

空尾蜥可以通过展开翅膀，从一棵树滑翔到另一棵树上，平时它的翅膀会折叠在身体旁。

史前动物
二叠纪

时间轴（数百万年前）

540 | 505 | 438 | 408 | 360 | 280 | 248 | 208 | 146 | 65 | 1.8 至今

始盗龙

目 · 蜥臀目 · **科** · 未分类 · **属 & 种** · 月亮谷始盗龙

重要统计资料

化石位置：阿根廷

食性：食肉动物，可能是食腐动物

体重：10 千克

身长：1 米

身高：0.5 米

名字意义："黎明的盗贼"，因为它是早期肉食恐龙

分布：1991 年，古生物学家在阿根廷西北部的伊沙瓜拉斯托荒地发现了始盗龙化石。在始盗龙存活的时代，这个地区还是一片河谷，如今已是沙漠

化石证据

始盗龙是极少数被发现完整骨骼的早期恐龙之一。它为速度而生：骨头中空，重量很轻，腿又瘦又长，脚上有三个趾头。通过向外伸展尾巴，它可以保持身体的稳定，然后它只需跑得比猎物快，就可以用爪子和牙齿将猎物撕开。由于始盗龙髋部的椎骨是融合在一起的，所以这些椎骨可以提供一定的结构力量，使得它可以用两条腿保持直立姿势。

始盗龙在 1993 年被命名，是最原始的恐龙之一。这种肉食野兽可以用两条后腿直立，并能用巨大的爪子将猎物撕开。

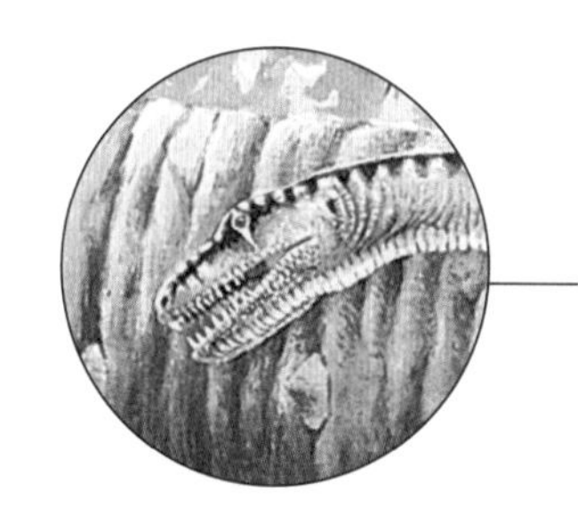

嘴巴

始盗龙的嘴中有许多牙齿，这些牙齿明显是为食肉而生的。

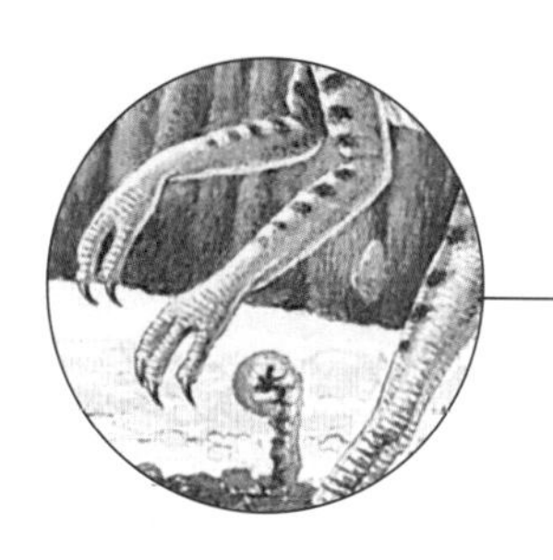

爪子

始盗龙每只手的末端都长有五个指头，其中三个指头上有长长的指爪，另外两个指头要短一些。

恐龙
三叠纪

时间轴（数百万年前）

540	505	438	408	360	280	248	208	146	65	1.8 至今

引鳄

目 · 原蜥形目 · **科** · 引鳄科 · **属 & 种** · 非洲引鳄

引鳄这种凶猛而强壮的野兽是当时最大的捕食者，它和现代鳄鱼差不多大，且同样可以制服猎物，并将之吞食。

重要统计资料

化石位置：南非

食性：食肉动物

体重：未知

身长：5 米

身高：未知

名字意义：“红色的鳄鱼”，因为保存该动物的岩石将引鳄的化石染成了红色

分布：古生物学家在南非的犬颌兽属聚集区发现了引鳄化石

化石证据

引鳄是一种与恐龙相关的早期主龙类动物。它很可能会吃食草动物，例如在三叠纪中期数量很多的二齿兽亚目动物。引鳄依靠四肢前行，它的四肢以半直立方式位于身体下方。引鳄的游泳能力可能也很好。从引鳄上下颌的大小与力量来看，它只需凶残地咬上一口，就可以杀死猎物。

头

引鳄的头部最长可达 1 米，巨大的颚中长着锋利的圆锥状牙齿。

力量

引鳄身体笨重，很难快速行动，所以它如果想制服猎物，就必须依靠偷袭和纯粹的力量。

史前动物
三叠纪

时间轴（数百万年前）

540	505	438	408	360	280	248	208	146	65	1.8 至今

派克鳄

目 · 槽齿目 · 科 · 派克鳄科 · 属 & 种 · 南非派克鳄

派克鳄是一种轻而瘦的爬行动物，它很可能以昆虫和小动物为食。它一般以四条腿行走，但当它在逃离更大的捕食者时，会依靠两条后腿进行冲刺。

牙齿

派克鳄的牙齿很小，就像针一样。这些牙齿会定期脱落，被更锋利的新牙替代。

腿

派克鳄大部分时间会用四条腿行走，但在必要时，它或许可以抬起前肢，以更快的速度奔跑。

重要统计资料

化石位置：南非

食性：食肉动物

体重：9 千克

身长：55 厘米

身高：未知

名字意义：“派克的好动物”，它是以形态学家和自然主义者 W. 基钦 · 派克命名的

分布：1913 年和 1924 年，古生物学家在南非发现了派克鳄的化石

化石证据

和所有主龙类动物（称霸的爬行动物）一样，在派克鳄头骨中，它的眼窝前会有洞。主龙类动物包括了恐龙、翼龙和现代鳄鱼。派克鳄是最早使用两足前进的爬行动物之一。这种运动方式带来的移动速度在三叠纪早期非常少见，是一种很好的防御机制。

时间轴（数百万年前）

540 | 505 | 438 | 408 | 360 | 280 | 248 | 208 | 146 | 65 | 1.8 至今

优肢龙

目 · 蜥臀目 · **科** · 板龙科 · **属 & 种** · 布朗氏优肢龙

作为三叠纪时期最大的恐龙之一，优肢龙需要食用大量的植物来维持它庞大的身躯。

重要统计资料

化石位置：非洲

食性：食草动物

体重：1.6 吨

身长：10 米

身高：3 米

名字意义："优肢蜥蜴"，因为它的大腿骨很长

分布：古生物学家在津巴布韦和莱索托发现了优肢龙标本，不过这与人们在南美发现的优肢龙标本相似。在三叠纪这些大洲都是连在一起的

化石证据

人们已经发现了成百上千个优肢龙的骨头和 16 个局部骨架，这说明优肢龙是一种十分常见的恐龙。然而，由于我们没有发现任何头部、前肢和脚的化石，因此要确认优肢龙的外貌和饮食习惯是非常困难的。我们似乎可以确定它主要靠四条腿前进，并且可以吃掉其所能接触到的所有植物。优肢龙于 1866 年被首次描述，使其成为最早在非洲被确认的恐龙之一。

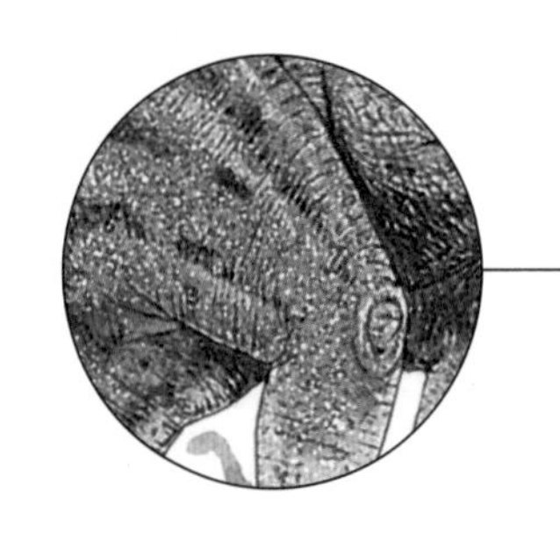

大腿

化石表明，优肢龙大腿骨的骨干（它的名字由此而来）是弯曲的。一些形态学家认为对恐龙来说，这种弓形后肢非常罕见。

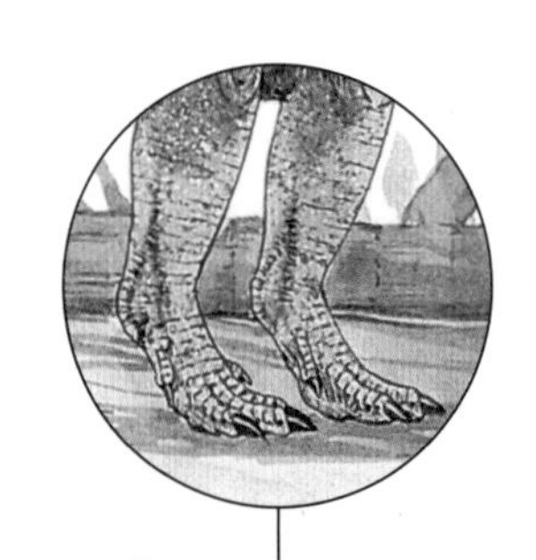

后肢

与其他板龙科动物一样，优肢龙很可能会为了触及更高的树枝而抬起它的后肢。

恐龙
三叠纪

时间轴（数百万年前）

540	505	438	408	360	280	248	208	146	65	1.8 至今

无齿龙

目·楯齿龙目·**科**·无齿龙科·**属&种**·无齿龙

如果你看到无齿龙在泻湖底部爬行的样子，一定会认为它是一只乌龟，但它只是与乌龟有着类似生活方式的远亲。

重要统计资料

化石位置：德国

食性：水生甲壳类动物

体重：未知

身长：1米

身高：未知

名字意义："单颗齿"，因为一开始人们认为它的头骨每侧只有一颗牙齿

分布：目前，古生物学家只在德国图宾根发现了无齿龙化石。但是我们在欧洲其他地区、中东以及北非发现了其他楯齿龙目动物的化石

化石证据

无齿龙是三叠纪晚期的楯齿龙目动物。人们已经发现了一些无齿龙标本，其中包括一具保存得非常完好的骨架。楯齿龙目包括了三叠纪时期各种不同的水生爬行动物。它们很可能是因为要吃贝壳类动物，所以都长着可以磨碎食物的牙齿。一些楯齿龙目动物的身体形态与现代海鬣蜥类似，另一些则进化出了甲壳，而且变得像乌龟一样。它们都长着长长的尾巴和甲壳，一些人认为它们的生活方式可能和鳐鱼很像。我们通过研究楯齿龙目动物的脊柱和四肢，可以判断它们很不适宜在陆地上活动，因此它们可能很少待在陆地上。

史前动物
三叠纪

牙齿

无齿龙有两颗牙齿，嘴巴内两边各有一颗，牙齿都朝向后方。不过一个新的标本显示，无齿龙的上颌前方还长着一些小牙齿，下颌则完全没有牙齿。

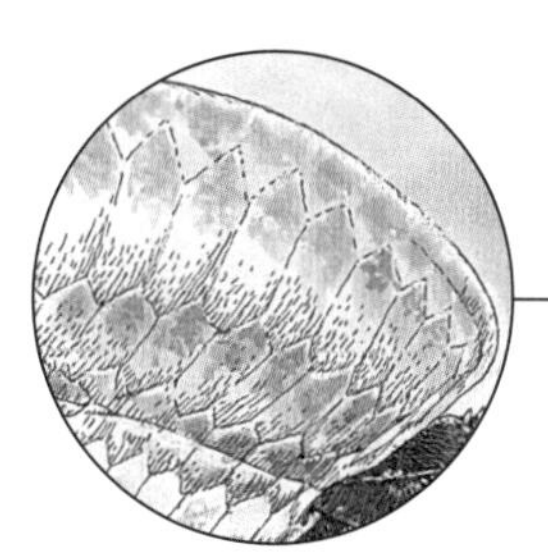

壳

与乌龟一样，无齿龙的保护性外壳由紧密排列的骨板组成，这些骨板会和肋骨融合。然而，与乌龟不同的是，无齿龙的肢带在胸腔外面。

时间轴（数百万年前）

540 | 505 | 438 | 408 | 360 | 280 | 248 | 208 | 146 | 65 | 1.8 至今

异平齿龙

目·喙头龙目·**科**·喙头龙科·**属&种**·在异平齿龙属内有众多物种

重要统计资料

化石位置：世界各地

食性：食草动物

体重：未知

身长：1.8 米

身高：未知

名字意义："口中长着许多牙齿"，因为它长着许多近似圆柱状的颚齿

分布：喙头龙目动物是当时常见的陆地动物，它们分布于世界各地。这是因为当时所有主要的大陆都连在一起，被称为泛大陆

化石证据

异平齿龙属于三叠纪时期的喙头龙目。在一些化石聚集地，喙头龙目动物可以占据已发现标本总量的 60%。由于喙头龙目动物属于食草动物群，所以这个数据并不令人惊讶，因为在陆地生态系统中，食草动物的数量通常会远远超过食肉动物的数量。异平齿龙可能喜欢吃坚硬的植物，因为它巨大的喙就像剪刀一样，而且还附着有强壮的颚肌。它可能也会吃植物长在地下的根部，因为它可以用强健的后肢将这些植物挖出来。

史前动物

三叠纪

异平齿龙的喙看上去像一个超大的骨质起钉器，十分可怕，实际上那是食草动物用来吃植物的工具。

异平齿龙的喙有着坚固的夹钳，它可以像剪刀一样来回移动，所以异平齿龙可以咬碎坚硬的植物。根据异平齿龙的喙的磨损程度以及颌关节的类型，可以推测异平齿龙的咬合是很精确的。

牙齿

异平齿龙的上颌和颚部原来长着许多牙齿，但后来这些牙齿进化成了宽广的齿板。异平齿龙会先用锋利的喙将植物咬到嘴里，然后再用齿板将这些植物压碎。

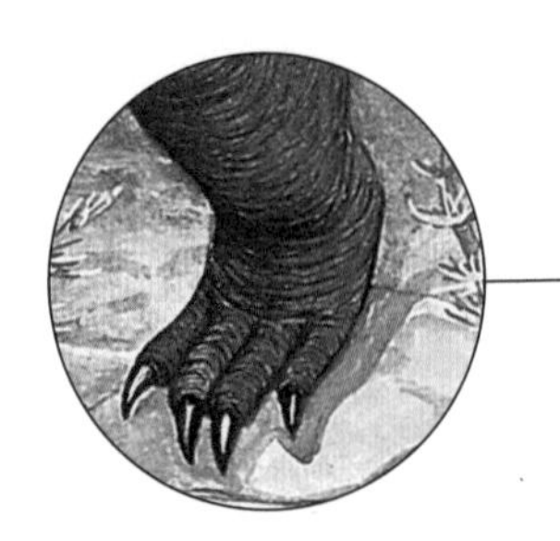

后肢

异平齿龙的后肢上长着巨大的爪子，这样它就可以通过向后抓地，将植物的根部挖出来。

时间轴（数百万年前）

540	505	438	408	360	280	248	208	146	65	1.8 至今

肯氏兽

目·兽孔日·**科**·肯氏兽科·**属 & 种**·在肯氏兽属内有众多物种

这种大型爬行动物是三叠纪时期第一批食草脊椎动物之一。肯氏兽分布于世界各地，大多数时候它们可能会成群在平原上活动，因为这样比较安全。

重要统计资料

化石位置：南非、阿根廷、印度、澳大利亚

食性：食草动物

体重：未知

身长：3 米

身高：未知

名字意义：该物种是以南美古生物学家 D. 肯尼米耶命名的

分布：古生物学家在南非、阿根廷、印度、澳大利亚，都发现了肯氏兽化石，这说明肯氏兽曾经生活在世界各地

化石证据

由于肯氏兽的口鼻部又宽又钝，而且颌部长着一个强壮的无齿喙，所以它可以咬碎它食物谱中的任何植物。肯氏兽的前肢很强壮，它可能会用爪子和前肢将植物挖出来。肯氏兽的四肢带组成了大量骨板，可以用来支撑它沉重的身躯。肯氏兽体内的消化器官很大，因为需要用它来消化植物。肯氏兽看起来和原角龙很像，但它们的关系并不近。肯氏兽在群居时不容易受到天敌（如犬颌兽）的伤害。

头

肯氏兽的头很大。由于它的眼窝和鼻腔都很大，所以实际上它头的重量很轻，因此它能够轻松地将头抬起够到食物。

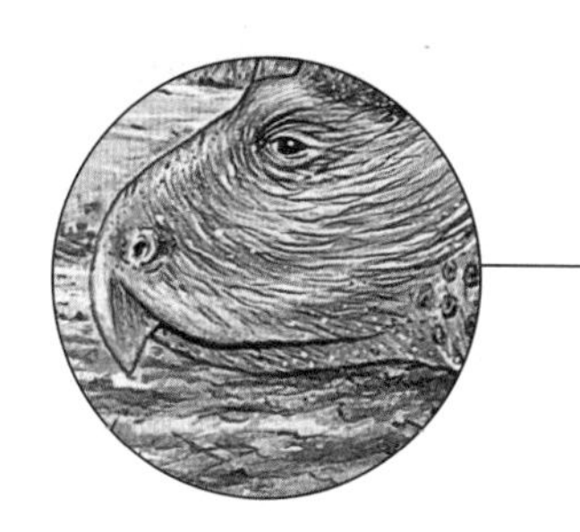

下颌

肯氏兽的喙和下颌肌肉都十分强壮，这些有助于它咬碎植物。

史前动物
三叠纪

时间轴（数百万年前）

540	505	438	408	360	280	248	208	146	65	1.8 至今

兔鳄

科 · 兔鳄科 · 属 & 种 · 塔兰佩雅兔鳄

兔鳄是一种行动很快，而且非常凶残的小型两足主龙类动物。人们通常认为它和之后出现的恐龙关系密切，其中有一部分原因是它的踝关节也十分发达。

重要统计资料

化石位置：阿根廷

食性：食肉动物

体重：200 克

身长：30~40 厘米

身高：未知

名字意义：叫它“兔鳄”是因为它的体形又小又轻，而且一开始人们认为它是鳄目动物

分布：人们在阿根廷的伊沙瓜拉斯托组地层发现了 4 具兔鳄骨架

化石证据

兔鳄是恐龙的近亲，它直立的姿势（依靠后肢）、较短的前肢和长尾巴都使它看起来和恐龙一样。它的脚非常发达，里面的骨头很长，而且只有脚趾与地面接触，因此兔鳄的步幅可以更大一些。这个特点和翼龙、鸟类及其他恐龙很相似。兔鳄是一种敏捷的捕食者，它可以依靠长腿四处疾走，因此它能够在速度上胜过它的猎物（很可能是昆虫和小型爬行动物）和天敌。

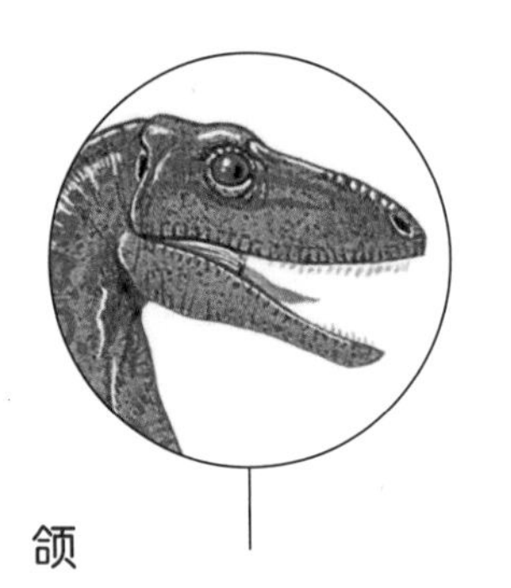

颌

兔鳄每只眼睛的后方都有一个开口，那里可以附着颚肌，因此这种小型“恐龙”的咬合力和持续力可以得到增强。

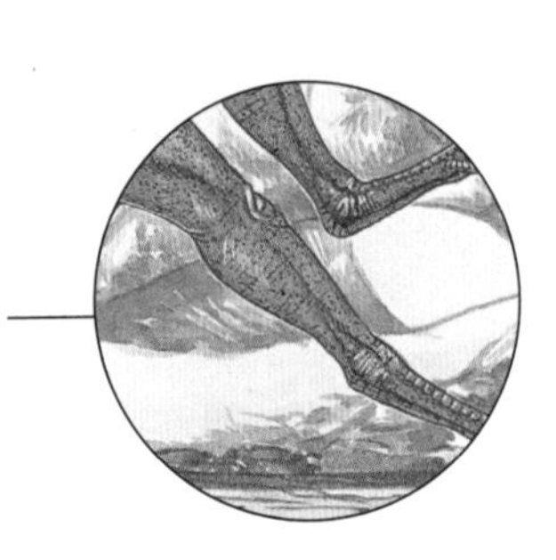

小腿

兔鳄的小腿比大腿长，所以它可以快速冲过南美森林中的林间空地。

恐龙
三叠纪

时间轴（数百万年前）

540 | 505 | 438 | 408 | 360 | 280 | 248 | 208 | 146 | 65 | 1.8 至今

理理恩龙

目 · 蜥臀目 · 科 · 腔骨龙超科 · 属 & 种 · 理氏理理恩龙

理理恩龙是腔骨龙超科恐龙的一属，生存于三叠纪晚期，一直到白垩纪。它骨骼轻巧，行动敏捷，是一种肉食性恐龙，可能猎食原蜥脚类恐龙以及食草性恐龙，例如板龙。

重要统计资料

化石位置：欧洲

食性：食肉动物

体重：130~400 千克

身长：3~7 米

身高：未知

名字意义：该物种是以德国古生物学家雨果·吕勒·冯·理理恩命名的

分布：古生物学家在德国和法国都发现了理理恩龙的化石

化石证据

这种早期四足恐龙是短跑健将，它的手脚部位都长着可怕的爪子。理理恩龙有着两足动物的基本形态。它是一种长着爪子的食肉动物，从三叠纪一直存活到白垩纪。如今食肉鸟类就是它的两足后裔。一群理理恩龙会先将大型猎物包围，然后通过连续的进攻使它受伤，这样猎物最终会因失血过多而死。理理恩龙生活在贫瘠大陆河岸边的森林中。

脊冠

理理恩龙长着脊冠，而且脊冠的颜色可能很鲜艳，这点和它的近亲双冠龙很像。

指爪

理理恩龙的前肢有五个指爪，第一指和第五指比中间的指要小。

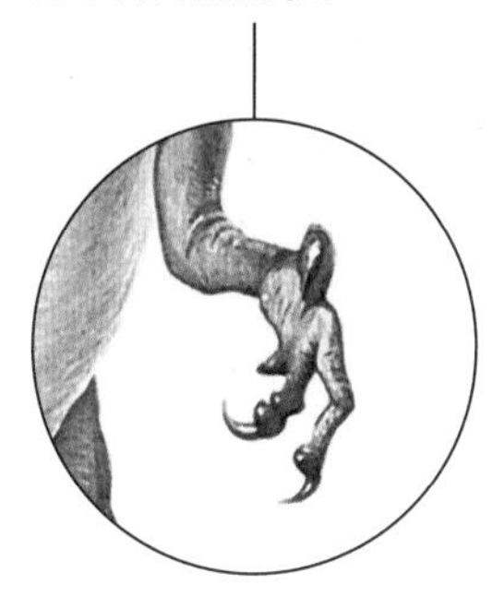

恐龙
三叠纪—白垩纪

时间轴（数百万年前）

540 | 505 | 438 | 408 | 360 | 280 | 248 | 208 | 146 | 65 | 1.8 至今

芙蓉龙

目·劳氏鳄目·**科**·梳棘龙科·**属&种**·无齿芙蓉龙

芙蓉龙是一种在恐龙之前就出现的早期爬行动物。值得注意的是，它背上有隆起的背帆可能是用来展示和调节体温的。

重要统计资料

化石位置：中国

食性：食草动物

体重：未知

身长：2.5米

身高：未知

名字意义："芙蓉蜥蜴"，因为它被发现于中国湖南省（古时被称为芙蓉国）

分布：中国湖南省

化石证据

芙蓉龙是一种大型爬行动物，要吃大量的植物才能存活。芙蓉龙没有牙齿，但可以用喙咬掉植物，它可能会吃蕨类植物的嫩芽和木贼属类植物。这种主龙类动物最引人注目的特征就是它的脊柱上长着背帆。背帆可能可以通过吸收太阳光来温暖它的血液，从而让它拥有更多的能量，当芙蓉龙侧身让风吹过来的时候，就能给自己降温。背帆很可能也有展示作用。我们通常认为芙蓉龙是鳄鱼的远亲。

棘状突起

芙蓉龙脊柱上的棘状突起被活体组织和血管覆盖，该部位在一天之中可能会被加热或降温。

史前动物
三叠纪

时间轴（数百万年前）

540 | 505 | 438 | 408 | 360 | 280 | 248 | 208 | 146 | 65 | 1.8 至今

黑丘龙

目·蜥臀目·**科**·黑丘龙科·**属 & 种**·瑞氏黑丘龙，塔巴黑丘龙

重要统计资料

化石位置：南非

食性：食草动物

体重：未知

身长：12 米

身高：4.3 米

名字意义：“黑色山脉蜥蜴”，名字来源于它的发现地

分布：人们在南非特兰斯凯的塔巴尼亚马（黑色山脉）发现了黑丘龙化石

化石证据

黑丘龙的臀部有四块骶椎，它的大腿骨是直的。这些特征使它可以用四条柱子般的腿支撑起庞大的身躯。黑丘龙可能无法仅靠后肢行走。不过，它的后肢仍然比前肢要长。黑丘龙的脊椎是中空的，可以减轻身体的重量。我们至今还没有发现它头部的化石。另外，由于蜥脚类恐龙的牙齿都不能用于咀嚼，所以它们可能会吞食石子来帮助消化。黑丘龙的脖子和尾巴都很长。

恐龙
三叠纪

由于黑丘龙的体形巨大，而且身体很重，所以它只能用四条肢行走。黑丘龙是最为庞大的早期恐龙之一。

拇指指爪

和所有蜥脚类恐龙一样，黑丘龙的手指很小，而且它的拇指上长着大型指爪。拇指指爪可以用来挖食物和防御。

消化食物

食草恐龙在消化大量植物时可能会吞食石子，这些石子可以帮助它磨碎胃里的食物。这些石子被称为胃石。

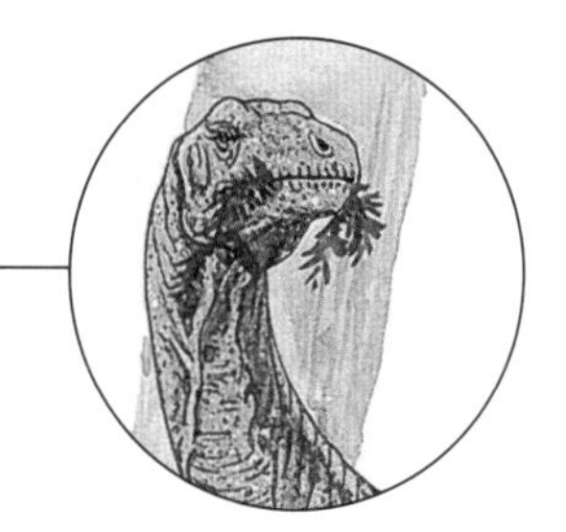

时间轴（数百万年前）

540	505	438	408	360	280	248	208	146	65	1.8 至今

鼠龙

目 · 蜥臀目 · 科 · 鼠龙科 · 属 & 种 · 巴塔哥尼亚鼠龙

通常在描述恐龙时，我们会进行很多猜测，但是在描述成年鼠龙时，我们需要进行的猜测就更多了。那是因为目前关于鼠龙，我们只有一窝几天大的幼崽化石。

重要统计资料

化石位置：阿根廷

食性：食草动物

体重：120 千克

身长：3~5 米

身高：未知

名字意义："老鼠蜥蜴"，因为仅有的化石特别小

分布：鼠龙曾生活在南美洲的阿根廷南部，在三叠纪晚期时，那里几乎是一片沙漠

化石证据

在描述这种恐龙时，我们全部的资料就是十块不完整的鼠龙幼体化石和一些恐龙蛋。这些标本小到可以在你的手中放下，它们是迄今为止发现的最小的恐龙化石之一。鼠龙的头骨只有 32 毫米长——仅比鸡蛋大一点点。根据头骨的形状，我们可以知道它是一种原蜥脚类恐龙，而且它的脖子和尾巴都很长。鼠龙的头很小，口鼻部很长，大手掌上长着五根指爪，上面有一个很大的拇指指爪。鼠龙用四肢行动，可能会成群迁徙。有人提出科罗拉多斯龙可能是鼠龙成年之后的样子。

牙齿

鼠龙的牙齿为树齿状，力气较小，可以用来撕咬比较硬的树叶。当鼠龙遇到捕食者时，它的牙齿和短爪都无法很好地保护自己。

大脑

据估算，成年鼠龙的体重非常巨大，与之相比，它的大脑非常小，因此鼠龙的智商应该很低。

恐龙
三叠纪

时间轴（数百万年前）

540	505	438	408	360	280	248	208	146	65	1.8 至今

南漳龙

目 · 鱼龙目 · 科 · 南漳龙科 · 属 & 种 · 孙氏南漳龙

这种海生爬行动物似乎是一种古老的进化倒退——它的祖先在 1 亿年前就已经进化出长着五个指（趾）头的四肢了，它却还是一种七趾四足动物。

重要统计资料

化石位置：中国

食性：食肉动物

体重：未知

身长：1 米

身高：未知

名字意义：“南漳的蜥蜴”，因为它是在中国南漳被发现的

分布：目前人们只在中国的湖北省发现了南漳龙的化石

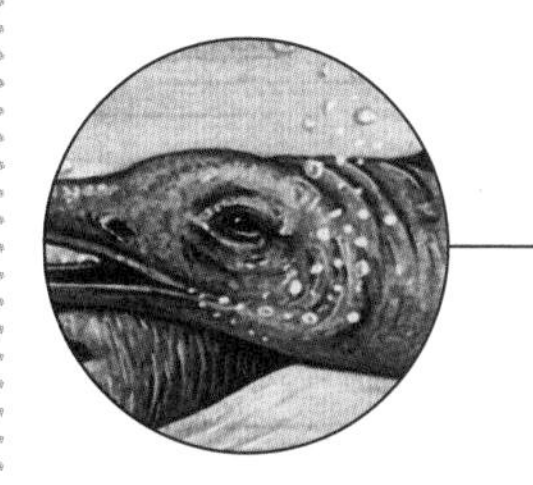

眼睛

南漳龙的头上长着巨大的眼睛，说明它的视力很好。它的口鼻部很长，而且没有牙齿，应该是为了快速吃掉海洋中的猎物。

脚蹼

南漳龙有脚蹼，能够在水中推动它前进，同时它还长着一条像鳗鱼一样的尾巴，或许可以帮它快速转变方向。

化石证据

在这个爬行动物的身上，一直有个谜团：为什么它的前肢长有七个指头，而后肢长有六个趾头？早期四足动物也会每肢长七八个指（趾）头，如鱼石螈和棘螈，但是随着进化，它们的后代就失去了这一特征。南漳龙多长出的趾头或许可以让它的四肢更加强壮和灵活，从而使之具备更好的游泳能力。这种爬行动物还有可能是个“缺失的环节”，它可以连接水生鱼龙目动物和陆生主龙类动物的祖先。

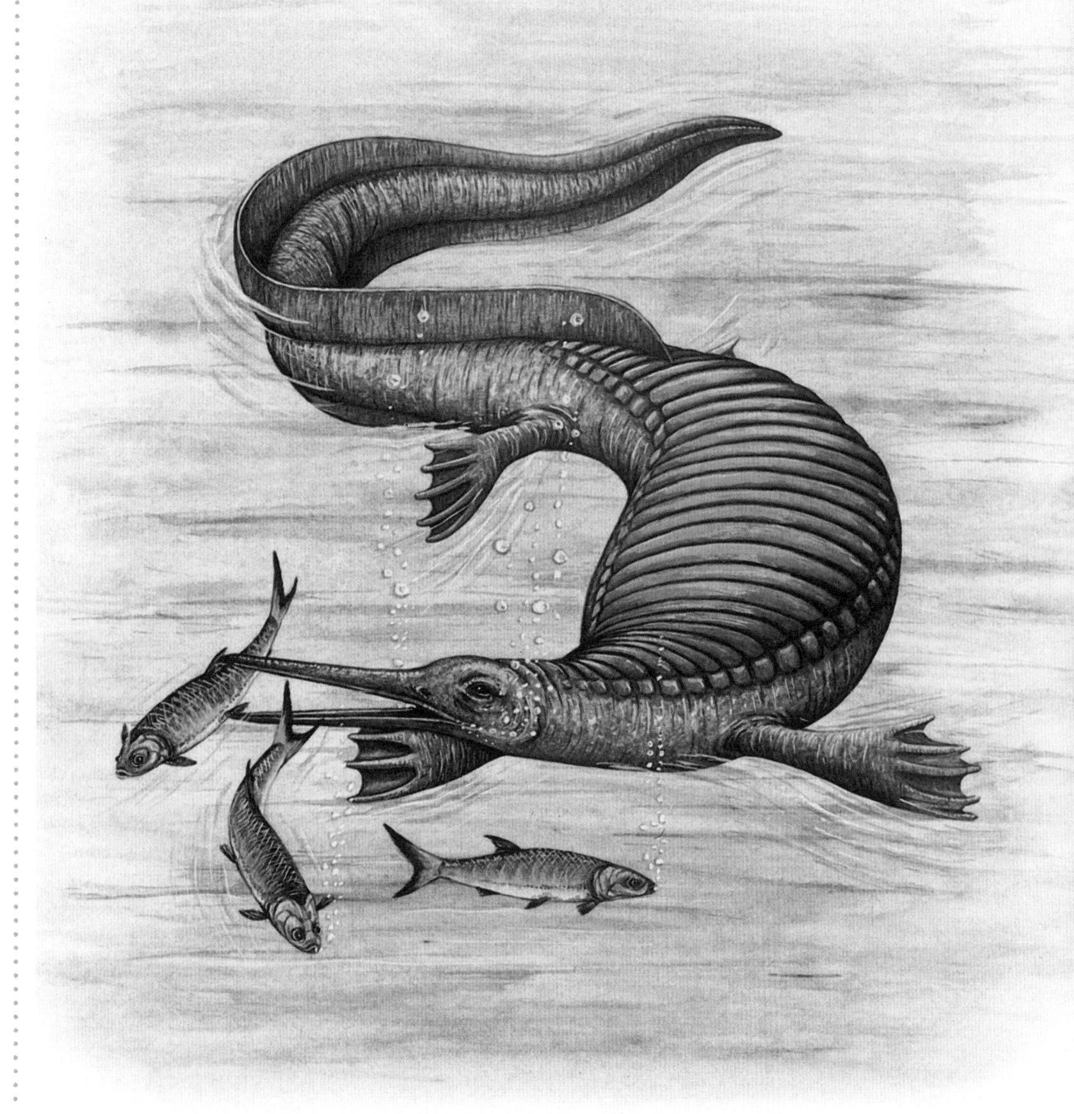

史前动物
三叠纪

时间轴（数百万年前）

540	505	438	408	360	280	248	208	146	65	1.8 至今

幻龙

目·幻龙目·**科**·幻龙科·**属&种**·在幻龙属内有众多物种

幻龙很像海豹，它的族群是当时最为成功的脊椎动物族群之一，在被更新、更快的海洋爬行动物取代之前，它们已经存活了超过3000万年。

重要统计资料

化石位置：欧洲、中东、东亚和北非

食性：鱼类和海洋动物

体重：未知

身长：3米

身高：未知

名字意义："假的蜥蜴"，因为它只是和蜥蜴很像

分布：古生物学家在德国、意大利、荷兰、瑞士、北非、中国、以色列和俄罗斯都发现了许多保存很好的幻龙标本

化石证据

幻龙是一种爬行动物，它的生活习性与现代海豹有点类似。幻龙很可能在热带浅海捕猎。它会先将自己流线形的身体推向鱼群，然后再用长满牙齿的嘴巴突袭。它似乎会回到岸边休息并产卵。它们的鼻孔长在口鼻部的最顶端，这样当它们浮在水面上时就能快速吸气。

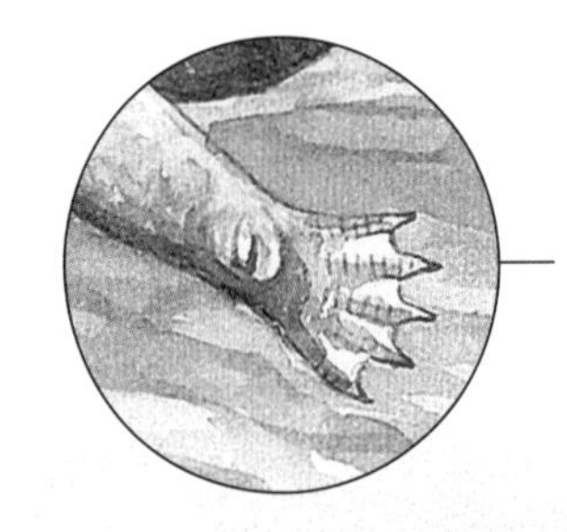

桨

幻龙的四肢长着五个蹼状趾，就像船桨一样，因此它可以游得很快，但是我们通过研究它的腿部构造，发现它可能也很适合在陆地生活。

牙齿

幻龙的头骨宽阔平坦，嘴中长着几十颗牙齿，这些锋利的牙齿紧密连接，因此它能够紧紧咬住猎物。

史前动物
三叠纪

时间轴（数百万年前）

540	505	438	408	360	280	248	208	146	65	1.8 至今

皮萨诺龙

目 · 鸟臀目 · 属 & 种 · 皮萨诺龙

皮萨诺龙是个谜：它的身体和蜥臀目恐龙一样，可它的脑袋却像鸟臀目恐龙。许多人认为它是第一种鸟臀目恐龙，但由于化石证据是如此之少，以至有些人会质疑这种论断。

重要统计资料

化石位置：南美洲

食性：食草动物

体重：2~9 千克

身长：1 米

身高：30 厘米

名字意义："皮萨诺的蜥蜴"，是为了纪念阿根廷古生物学家胡安 · A. 皮萨诺

分布：1967 年，古生物学家在阿根廷的拉里奥哈发现了一具皮萨诺龙骨架的碎片

化石证据

对它所处的时代来说，皮萨诺龙是很不寻常的，因为它是一种恐龙，但当时的世界却由其他爬行动物主导。皮萨诺龙是一种两足动物，它的体重很轻，会以低矮植物为食。皮萨诺龙会先用类似犬齿的牙齿来咬东西，然后再用叶子状颊齿来咀嚼，这一点与 2500 万年后才出现的鸟臀目恐龙很相似。不过皮萨诺龙的骨盆和踝关节更像是蜥臀目动物具有的特征。它的脚又细又长，可以帮助它逃离那些吃肉的捕食者，比如原始的艾雷拉龙。艾雷拉龙和皮萨诺龙的遗骸是在同一块岩层中被发现的。

恐龙
三叠纪

腿

皮萨诺龙依靠两条长长的腿行动，它可能会用较短的前肢将植物放到嘴中。

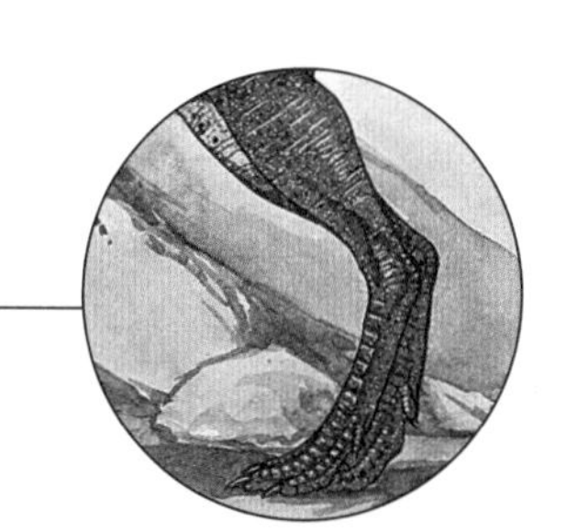

尾巴

由于我们至今还没有发现皮萨诺龙尾巴的化石，所以我们完全是根据其他早期鸟臀目恐龙的情况去猜测其尾巴的形状和长度的。

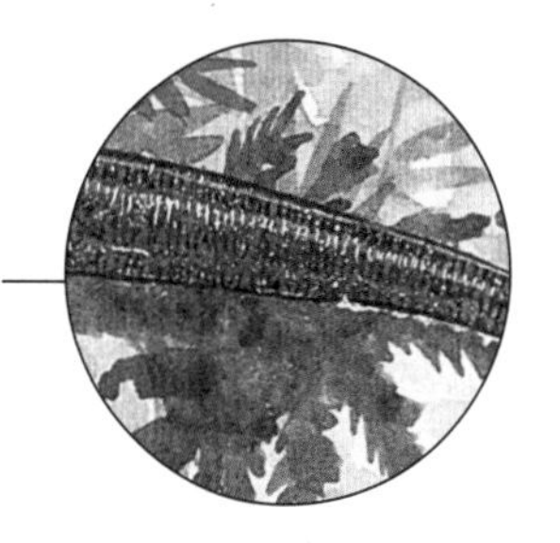

时间轴（数百万年前）

540 | 505 | 438 | 408 | 360 | 280 | 248 | 208 | 146 | 65 | 1.8 至今

原鸟

目·蜥臀目（存在争议）·**科**·原鸟科·**属&种**·德克萨斯原鸟

重要统计资料

化石位置：美国

食性：食肉动物

体重：350 克

身长：35 厘米

身高：未知

名字意义："原始鸟类"，因为之前人们认为它是一种鸟类

分布：古生物学家在美国得克萨斯州的一个采石场内发现了一堆混合的恐龙骨头碎片，原鸟化石也在其中

化石证据

我们是在一堆不同种类的恐龙化石中发现原鸟化石的，其中包括一块头骨（其中下颌的一部分没有长牙齿）和一些四肢骨骼。根据这些四肢骨骼，人们提出这是一种鸟类骨架。这个骨架有一个尾巴，它的后肢像恐龙一样，而且骨头是中空的。然而，大部分古生物学家都认为无法确定这些骨头是否属于同一种动物。如果它是一种原始鸟类，那它比著名的始祖鸟还要早出现 7500 万年，这也意味着第一批鸟类和第一批恐龙是生活在同一个时代的。

恐龙
三叠纪

原鸟究竟是鸟类还是兽脚亚目恐龙？在古生物学家眼中，原鸟是最具争议的动物之一——如果它真的是鸟类，那意味着鸟类首次出现的时间比先前认为的要早几百万年。

胸骨

原鸟胸骨的形状宛如船的龙骨，它的一部分下颌没有长牙齿，这些都是鸟类的特征。

眼睛

由于原鸟的眼睛长在头骨前端，因此当它在黄昏或是夜间捕食时，也可以看得清楚。

时间轴（数百万年前）

540 | 505 | 438 | 408 | 360 | 280 | 248 | 208 | 146 | 65 | 1.8 至今

里奥哈龙

目·蜥臀日·**科**·里奥哈龙科·**属 & 种**·迷里奥哈龙

里奥哈龙是一种巨大的原蜥脚类恐龙。它的脖子和尾巴都很长，身体十分笨重。它庞大的体形很可能可以保护它不受捕食者攻击，尤其是当它成群活动的时候。

重要统计资料

化石位置：阿根廷

食性：食草动物

体重：1 吨

身长：10 米

身高：4.9 米

名字意义：“里奥哈蜥蜴”，因为它是在阿根廷的拉里奥哈地区被发现的

分布：古生物学家在阿根廷安第斯山脉的山麓发现了一些几乎完整的里奥哈龙骨架和一块头骨

化石证据

里奥哈龙是恐龙中的巨型物种，它很可能只能用四条腿行动，而不能依靠后肢站立。里奥哈龙的脖子很长，在第一批被发现的化石中没有头骨，不过古生物学家猜测它的头应该很小。这一猜测后来也被证实了。由于它头骨中的大脑也很小，所以这种动物的智力可能比较低下，而且行动也较为迟缓。在蜥脚类恐龙出现之前，里奥哈龙是最为笨重的动物之一。它以植物为食，而且它吃的植物大部分食草动物都够不到。里奥哈龙是蜥臀目动物，换言之，它长着跟蜥蜴一样的臀部。

恐龙
三叠纪

牙齿

里奥哈龙的牙齿长得像勺子，而且有锯齿。它上颌的前部长了 5 颗牙，后部长了 24 颗牙。

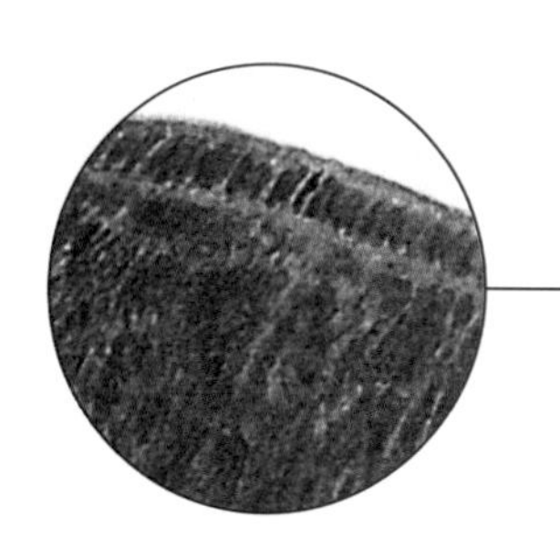

脊柱

里奥哈龙的体形十分庞大，中空的脊柱可以减轻其体重。它的四肢厚重而结实，末端有爪子。

时间轴（数百万年前）

540 | 505 | 438 | 408 | 360 | 280 | 248 | 208 | 146 | 65 | 1.8 至今

跳龙

目 · 未分类——存在争议 · **科** · 未分类——存在争议 · **属 & 种** · 埃尔金跳龙

根据目前发现的那些支离破碎的化石，我们知道跳龙是一种大小如猫的敏捷的食肉动物，它可能可以跳跃。但是，我们尚不清楚它能否被称作一种恐龙。

重要统计资料

化石位置：苏格兰

食性：食肉动物

体重：1 千克

身长：60 厘米

身高：到臀部的高度有 20 厘米

名字意义："跳跃的脚"，因为原来人们认为它能够跳跃

分布：1910 年，人们在苏格兰的洛西茅斯发现了少量跳龙化石

化石证据

跳龙的体形和猫差不多大，而且它很可能会靠后腿快速行动。它的爪有 5 根指头，其中第四指和第五指非常小。它可以袭击猎物，然后用锋利的牙齿将猎物撕开。同时它可以依靠速度和敏捷度避开天敌。它可能还会找动物的尸体来吃。跳龙可能是一种早期恐龙，或是一种兔鳄（一种原始爬行动物），或是一种鸟鳄（与恐龙密切相关）。

长长的头

跳龙的头很长，上面长着数十颗锋利的小牙齿和巨大的眼睛，这表明它的视觉十分敏锐。

后肢

跳龙的后肢很强壮，因此它可以迅速行动，可以快速逃避天敌或奇袭猎物。

史前动物
三叠纪

时间轴（数百万年前）

540	505	438	408	360	280	248	208	146	65	1.8 至今

鞍龙

目 · 蜥臀目 · 科 · 板龙科 · 属 & 种 · 纤细鞍龙

鞍龙是一种中等大小的草食性原蜥脚类恐龙，它可能以欧洲三叠纪时期沙漠中的原始针叶树为食。

重要统计资料

化石位置：德国

食性：食草动物

体重：100~400 千克

身长：6.5 米

身高：1.7 米

名字意义："鞍状的蜥蜴"，是因为它的一部分脊椎长得很像马鞍

分布：人们已经在德国的北符腾堡发现了 20 多具鞍龙的骨架

化石证据

因为鞍龙有着巨大的内脏，所以当它用四条腿走路时会舒服很多，但是它也可以依靠后肢站立，这可能是为了奔跑。它的牙齿是锯齿状的，可以咬掉树枝上的叶子，能够吃植物性食物，而且可能有双颊以防止食物从嘴中掉出去。和其他原蜥脚类恐龙一样，鞍龙有一个拇指指爪，或许可以用来防御，或是可以勾住树枝将树叶拽下来，不过它尾椎骨的形状与众不同。

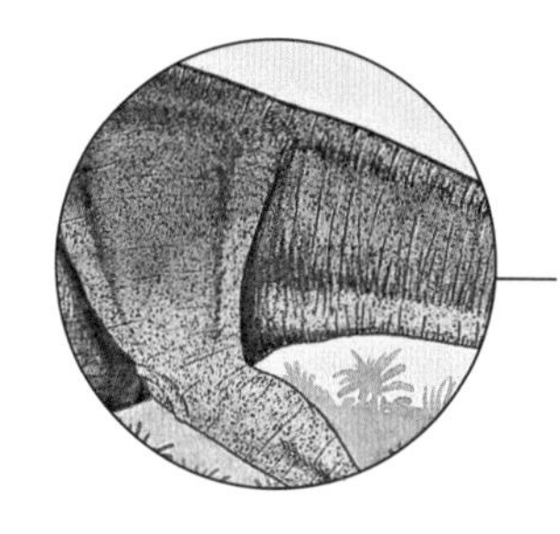

宽大的尾巴

与其他原蜥脚类恐龙不同，鞍龙的尾椎骨像马鞍一样又宽又平，它的名字也由此而来。

长长的尾巴

鞍龙的尾巴很长，它可能会用尾巴支撑身体，这样就能依靠后肢站立，从而够到长在高处的叶子。

恐龙
三叠纪

时间轴（数百万年前）

540 | 505 | 438 | 408 | 360 | 280 | 248 | 208 | 146 | 65 | 1.8 至今

山西鳄

目·未分类·**科**·引鳄科·**属 & 种**·在山西鳄属内有众多物种

山西鳄是一种主龙类动物，它是恐龙祖先的近亲。由于它的捕食技能非常高超，所以它在三叠纪中期存活了2亿年之久。

重要统计资料

化石位置：中国

食性：食肉动物

体重：未知

身长：2.2米

身高：50厘米

名字意义："山西鳄鱼"，因为该物种是在中国山西省被发现的

分布：人们在中国太行山以西的山西省发现了山西鳄化石

化石证据

山西鳄是一种很可怕的捕食者。它很可能可以快速行动，而且它的下颚十分强壮。与大多数主龙类动物一样，山西鳄长着槽齿，意思是说它的牙齿长在齿槽中。山西鳄的腿直接长在身体下方而不是侧部，所以它可以在陆地上行动得很快，而且它的后腿比前腿要长。几乎没有什么动物能够对抗得了这种敌人，哪怕是体形很大的兽孔目动物。

下颚

山西鳄的下颚十分强壮，因此它能一口从猎物身上咬掉一大块肉。

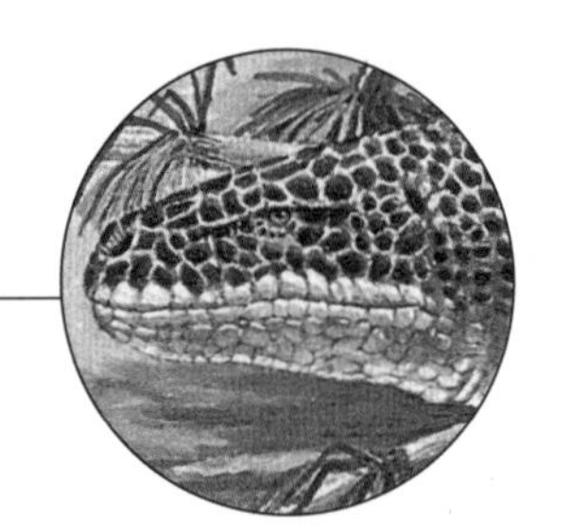

腿

可能是因为山西鳄的腿是直接长在髋关节下方的，所以即便它的体形非常庞大，也可以快速行动，去攻击那些行动不太敏捷的爬行动物。

史前动物
三叠纪

时间轴（数百万年前）

540 | 505 | 438 | 408 | 360 | 280 | 248 | 208 | 146 | 65 | 1.8 至今

秀尼鱼龙

目 · 鱼龙目 · **科** · 萨斯特鱼龙科 · **属 & 种** · 通俗秀尼鱼龙

重要统计资料

化石位置：北美洲

食性：食肉动物

体重：未知

身长：约 21 米

身高：未知

名字意义："秀尼山脉的蜥蜴"，因为它是最先在那里被发现的

分布：古生物学家在美国的内华达州和加拿大的英属哥伦比亚发现了秀尼鱼龙化石。另一种叫作喜马拉雅鱼龙的鱼龙目动物在喜马拉雅山脉被发现，它可能和秀尼鱼龙是同一种动物

化石证据

人们首先在内华达州三叠纪卢宁组地层发现了秀尼鱼龙化石。由于当时一起出土了许多骨架，所以这个物种就被命名为"通俗秀尼鱼龙"。该物种是当时最大的鱼龙目物种，长达 15 米。1991 年，人们在加拿大不列颠哥伦比亚省的三叠纪帕多内组地层发现了西卡尼秀尼鱼龙化石，该物种最长可达 21 米。由于当地蚊子肆虐，有野熊出没，而且还有洪水和其他常见困难，挖掘工作花了许多年才完成。直升机需要先从当地空运走 2 吨石块，然后古生物学家才能开始清理化石、描述物种和公布他们的发现。

史前动物
三叠纪

秀尼鱼龙是目前已知最大的海生爬行动物，它很可能比现代抹香鲸更长、更大。

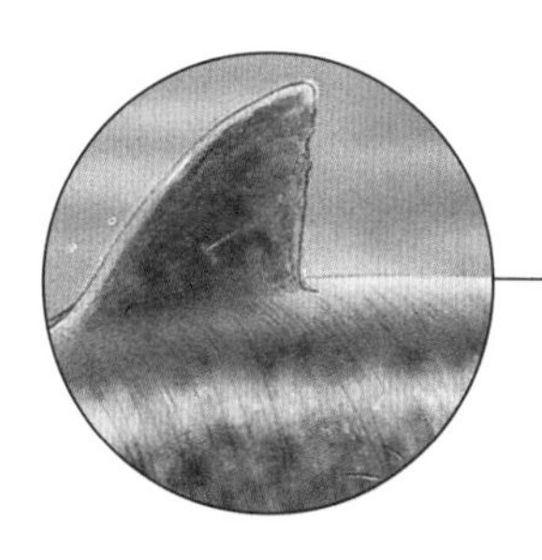

脊椎骨

19 世纪晚期，人们首先在美国内华达州挖掘出了秀尼鱼龙的脊椎骨，当时在该地区工作的煤矿工人曾把这种巨大的脊椎骨制作成吃饭用的盘子。

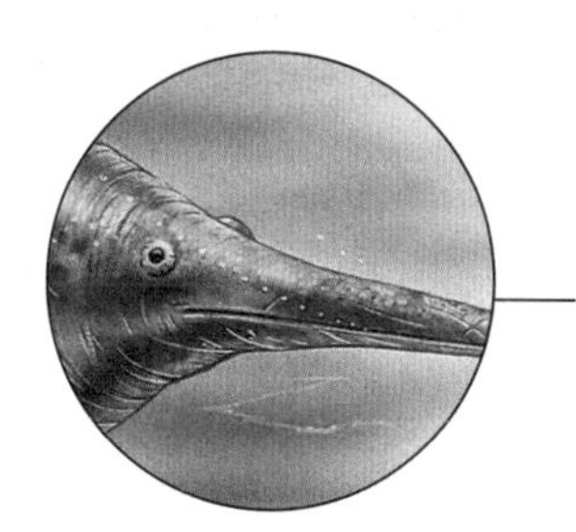

牙齿

幼年秀尼鱼龙的颚中长着小小的牙齿，但很明显，它们长大之后就没有那些牙齿了，这很可能是因为它们改变了饮食习惯。

时间轴（数百万年前）

540	505	438	408	360	280	248	208	146	65	1.8 至今

长颈龙

目·原龙目·**科**·长颈龙科·**属 & 种**·在长颈龙属内有众多物种

重要统计资料

化石位置：欧洲和中东

食性：食肉动物

体重：未知

身长：6 米（大部分都是它脖子的长度）

身高：未知

名字意义："长着长脖子的物种"，因为它的脖子特别长

分布：我们已经在意大利、以色列、德国和瑞士发现了长颈龙化石，但我们也在中国和美国发现了长颈龙科中的其他物种

化石证据

在横跨瑞士和意大利边境的地区有着丰富的三叠纪中期沉积岩，人们就是在那里发现了长颈龙化石。一些长颈龙化石被保存得非常好，例如人们在 2006 年发现的一块化石，就展现了它皮肤的情况：长着相互重叠的鳞片，鳞片的形状不是长方形。由于人们会在水生沉积物中发现长颈龙化石，而且长颈龙脖子的比例非常不协调，所以有些人推测它是水生动物。但是，长颈龙脚上的细节表明它似乎在陆地生活过。所以可能幼年长颈龙曾在陆地生活，它们的牙齿种类和成年龙很不相同，而当它们成年之后就会去到水中生活。这种改变可能是因为它们改变了饮食习惯。

史前动物
三叠纪

自从科学家第一次发现长颈龙，他们就感到十分困惑，因为它的脖子实在是太长了，以至于他们无法想象它究竟是如何生活的。

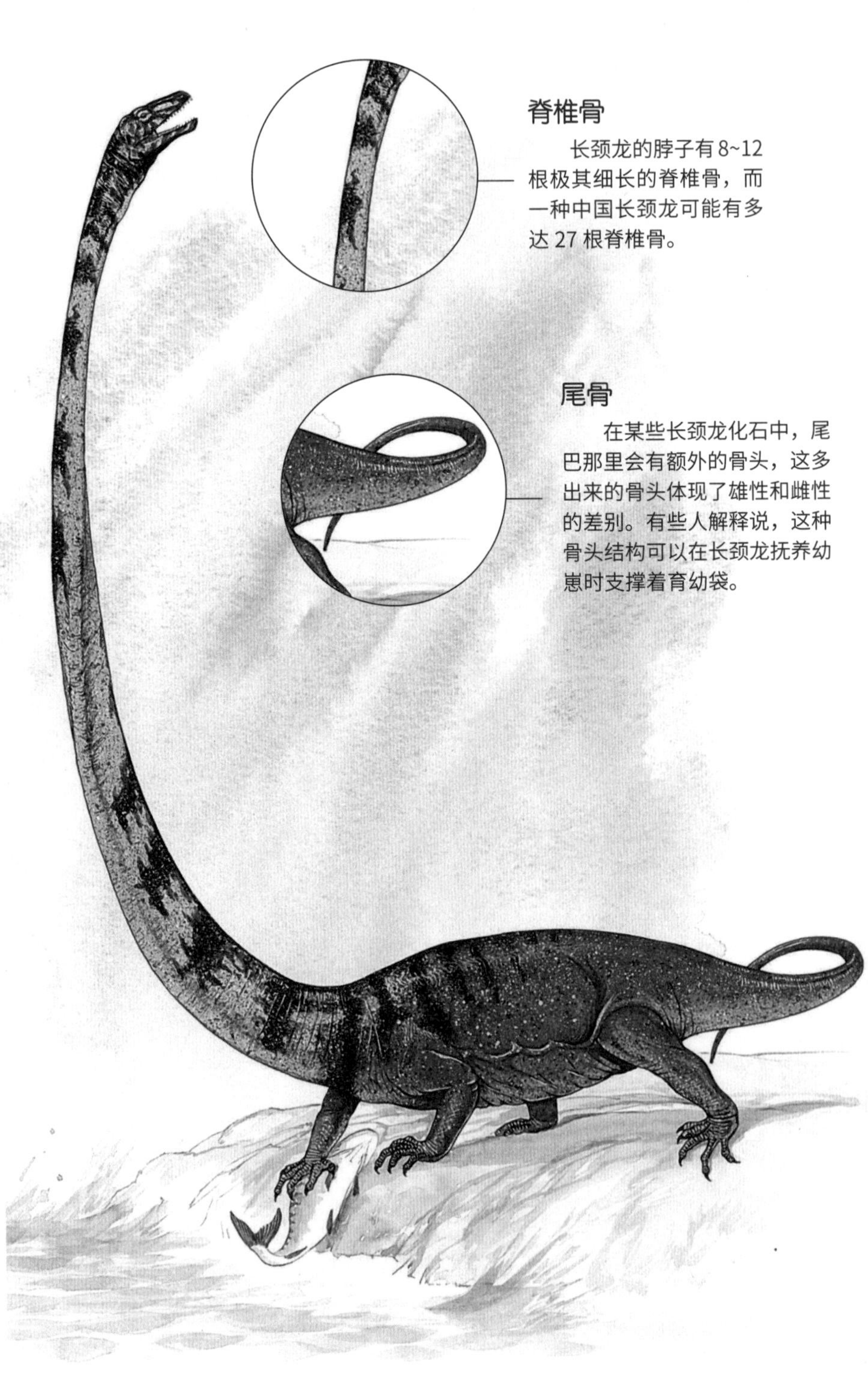

脊椎骨

长颈龙的脖子有 8~12 根极其细长的脊椎骨，而一种中国长颈龙可能有多达 27 根脊椎骨。

尾骨

在某些长颈龙化石中，尾巴那里会有额外的骨头，这多出来的骨头体现了雄性和雌性的差别。有些人解释说，这种骨头结构可以在长颈龙抚养幼崽时支撑着育幼袋。

时间轴（数百万年前）

540	505	438	408	360	280	248	208	146	65	1.8 至今

槽齿龙

目·蜥臀目·**科**·槽齿龙科·**属&种**·古槽齿龙

槽齿龙是最早的原蜥脚类恐龙之一，它们与那些巨型长颈草食蜥脚类恐龙关系密切。

重要统计资料

化石位置：英格兰、威尔士、阿根廷

食性：食草动物，可能是杂食动物

体重：70 千克

身长：2.1 米

身高：1.2 米

名字意义："槽齿龙"，因为它的牙齿都长在齿槽中

分布：大部分槽齿龙化石都位于英国英格兰南部、威尔士和阿根廷北部

化石证据

尽管人们已经发现了成百上千个槽齿龙化石，但它的饮食情况和体形大小仍然存在争议。一些古生物学家认为它比已有的测量结果更小。槽齿龙的下颌前面长着圆锥状牙齿，牙齿上有锯齿，不过长在下颌后面的牙齿却较为平整。这说明这种动物既吃植物，也吃动物。和其他原蜥脚类恐龙一样，它的前肢有五根指爪，拇指指爪巨大而弯曲。它在 1843 年被命名，是最早一批被命名的恐龙之一。第二次世界大战时有一些在布里斯托的标本毁于炮火。

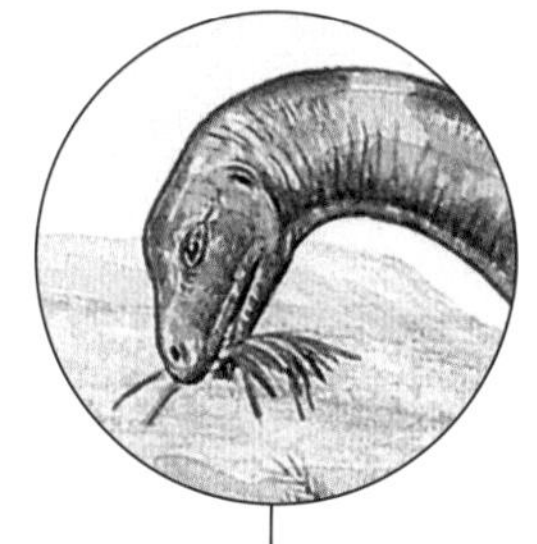

牙齿

因为槽齿龙的牙齿形状不同，而且牙齿有锯齿，所以古生物学家认为它既能吃植物，也能吃肉。

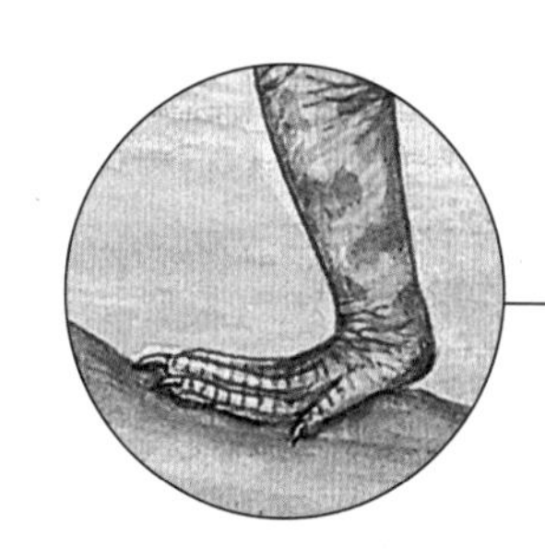

脚和腿

槽齿龙的前后肢十分细长，而且它能够依靠两条腿（大多数情况下）或是四条腿行动。它的尾巴很长，可以用来平衡细长的脖子。

恐龙
三叠纪

时间轴（数百万年前）

540 | 505 | 438 | 408 | 360 | 280 | 248 | 208 | 146 | 65 | 1.8 至今

股薄鳄

目 · 未分类 · **科** · 未分类 · **属 & 种** · 史氏股薄鳄

尽管股薄鳄看上去像恐龙一样，而且它能用两条腿走路，还生活在陆地上，但它其实是鳄鱼的祖先。

重要统计资料

化石位置：阿根廷

食性：食肉动物

体重：未知

身长：30 厘米

身高：未知

名字意义："纤细的鳄鱼"，指的是它的身体结构

分布：20 世纪 70 年代，人们在阿根廷发现了股薄鳄化石

化石证据

股薄鳄于 20 世纪 70 年代被发现，一开始人们认为它是恐龙，这点是可以理解的。因为毕竟它靠两条腿就能跑得很快，而且它的口鼻部很短，上面还长着一排非常可怕的牙齿，这些都是兽脚亚目恐龙的特征。然而，经过十年的研究，人们发现它的身体构造与早期鳄鱼更为相像。它的眼睛很大，说明它会靠视力进行捕猎，而且爪子和牙齿都像剃刀一样锋利，当它袭击猎物时，爪子和牙齿可以将猎物撕开。

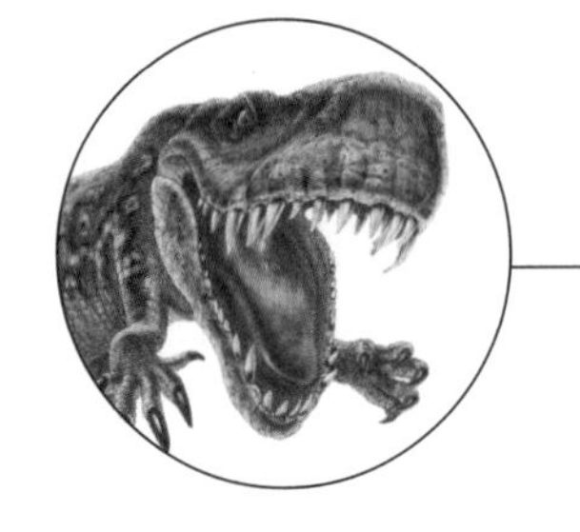

头

相较于股薄鳄细长的身体来说，它的头大得出奇，这说明它是用嘴而不是用爪子来抓住猎物的。

骨板

从股薄鳄的脊柱到尾巴末端，都长有两排相互联结的骨板，这些骨板可以很好地保护它。

史前动物
三叠纪

时间轴（数百万年前）

540	505	438	408	360	280	248	208	146	65	1.8 至今

波斯特鳄

目·劳氏鳄目·**科**·劳氏鳄科·**属&种**·柯氏波斯特鳄，艾氏波斯特鳄

重要统计资料

化石位置：美国

食性：食肉动物

体重：680 千克

身长：5 米

身高：1.2 米

名字意义："来自波斯特的鳄鱼"，因为首次发现它的地点是美国得克萨斯州波斯特采石场（以波斯特镇命名）

分布：人们在美国得克萨斯州的波斯特采石场以及美国其他地区都有发现波斯特鳄的标本

化石证据

波斯特鳄是一种爬行动物，它可能以恐龙为食，没有天敌。由于波斯特鳄头骨的高度比宽度更长，所以它的咬合极其有力，而且它还可以使用像短刀一样的大牙齿。虽然它是扁平足，但由于它的腿直接长在身体下方，所以它行动非常敏捷。它或许还可以用后肢直立，这可以帮助它攻击体形更大的动物。在一个标本中，波斯特鳄的可怕力量得到了明显证明，因为它肚子里的东西也被保存了下来，其中包括至少 4 种动物的遗骸。

史前动物
三叠纪

对于三叠纪晚期的动物来说，波斯特鳄是它们最糟糕的梦魇：它是一个全副武装的杀戮机器，由于它的身体很长，所以它必须吃很多食物才能维持生存。

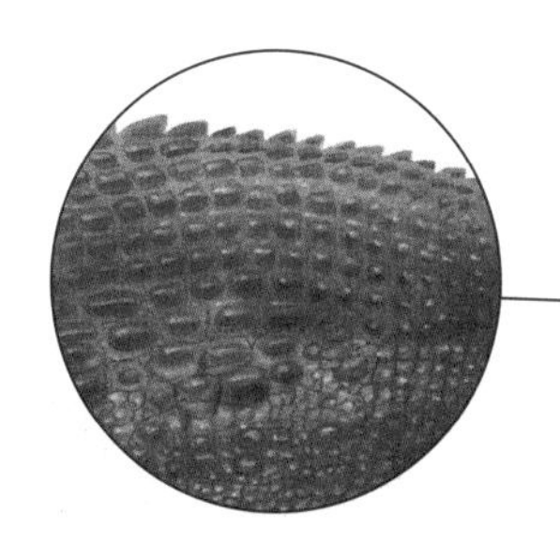

脊柱

波斯特鳄的脊柱被一排排小小的骨板保护着，这些骨板可以让它免受竞争对手的牙齿和爪子的伤害。之所以说是竞争对手，是因为波斯特鳄很可能没有天敌。

腿

波斯特鳄的腿是圆柱状的，这表明它们不会向两侧伸展。而且它的后肢比前肢略长，这个特点在爬行动物中并不常见。

时间轴（数百万年前）

540 | 505 | 438 | 408 | 360 | 280 | 248 | 208 | 146 | 65 | 1.8 至今

腔骨龙

重要统计资料

化石位置：美国

食性：食肉动物

体重：最重可达 45 千克

身长：2.5~3 米

身高：未知

名字意义："中空的骨头"，因为它的骨头较轻且中空

分布：古生物学家已经在美国亚利桑那州和新墨西哥州发现了腔骨龙化石，而且它们可能遍布整个广阔大陆

化石证据

人们在美国新墨西哥州的幽灵牧场发现了许多腔骨龙的标本。幽灵牧场有着丰富的化石，其中一块"墓地"中有成百上千个动物标本，那些动物很可能都是一场山洪暴发的受害者。成年腔骨龙的化石会分为两种：一种"强健"，一种"纤细"，这很可能分别代表了雄性腔骨龙和雌性腔骨龙。人们一度认为腔骨龙会吃同类的幼崽，因为许多成年腔骨龙标本的腹中都有幼年腔骨龙的遗骸。但是后来人们重新分析了这些化石，发现那些遗骸其实属于其他爬行动物。

恐龙
三叠纪

腔骨龙是最原始的恐龙之一，它是一种食肉动物，它或许会去吃动物的尸体，不过它绝对是个高效的捕食者。腔骨龙的后肢很强壮，身体很细长，这些特征都可以帮助它快速行动。事实上，腔骨龙的腿骨是中空的，而且头骨中有大大的窗孔（开口），这些都可以减轻它身体的重量，进一步提升它的行动速度。腔骨龙的脖子长而弯曲，而且很灵活，可以帮它抓住猎物。腔骨龙可能会以成群的方式捕猎，这样它们就能猎杀大型猎物。

下颌

腔骨龙有超过 100 颗短刀般的牙齿，这些牙齿可以刺穿肉体。它的下颌有着双铰结构，使之可以前后移动，来咬碎食物。

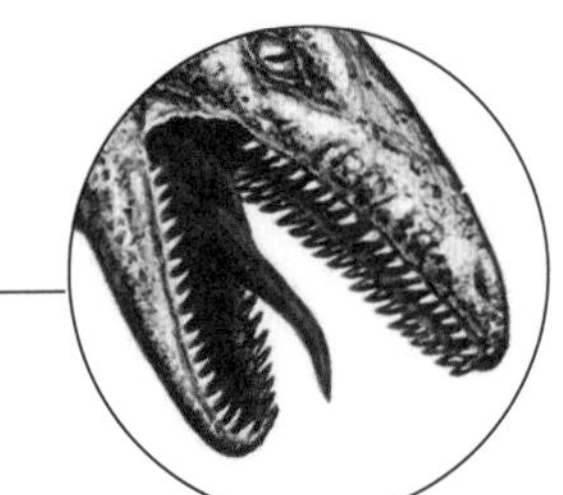

指爪

腔骨龙的前肢有 4 根指爪，强壮的爪可以用来紧扣住猎物。

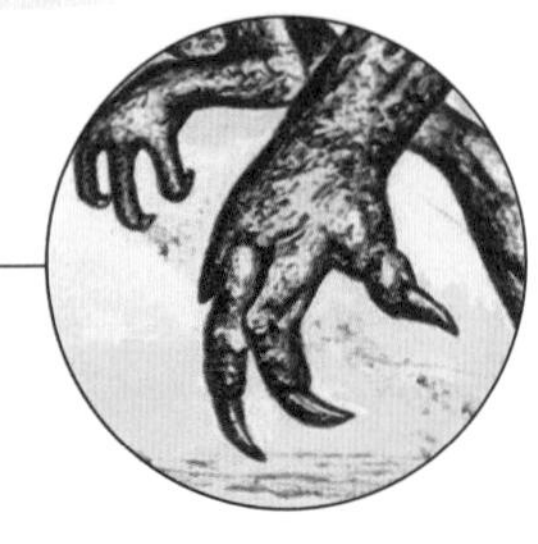

目·蜥臀目·**科**·腔骨龙科·**属&种**·鲍氏腔骨龙

化石森林

在腔骨龙生活的时代，世界上所有的大陆都连在一起，组成了一个超级大陆，俗称泛大陆。可能由于当时季节变化极其剧烈，要么非常潮湿，要么非常干燥，且季风期经常会造成山洪，所以形成了很多低地。腔骨龙就喜欢生活在这些低洼地区。我们之所以会在“墓地”发现那么多动物化石，可能就是因为洪水的暴发，而且洪水还造就了化石森林，也就是美国亚利桑那州附近发现的一大堆化石树。

尾巴

腔骨龙的尾巴很细长，可以起到平衡作用，这样它在奔跑时就能将身体和地面保持水平。

指爪

腔骨龙的四肢上的4个指爪，或许可以被用于将猎物从洞穴里挖出来。无用的第四指则嵌在肉内。

时间轴（数百万年前）

540 505 438 408 360 280 248 208 146 65 1.8 至今

腔骨龙

目 · 蜥臀目 · **科** · 腔骨龙科 · **属 & 种** · 鲍氏腔骨龙

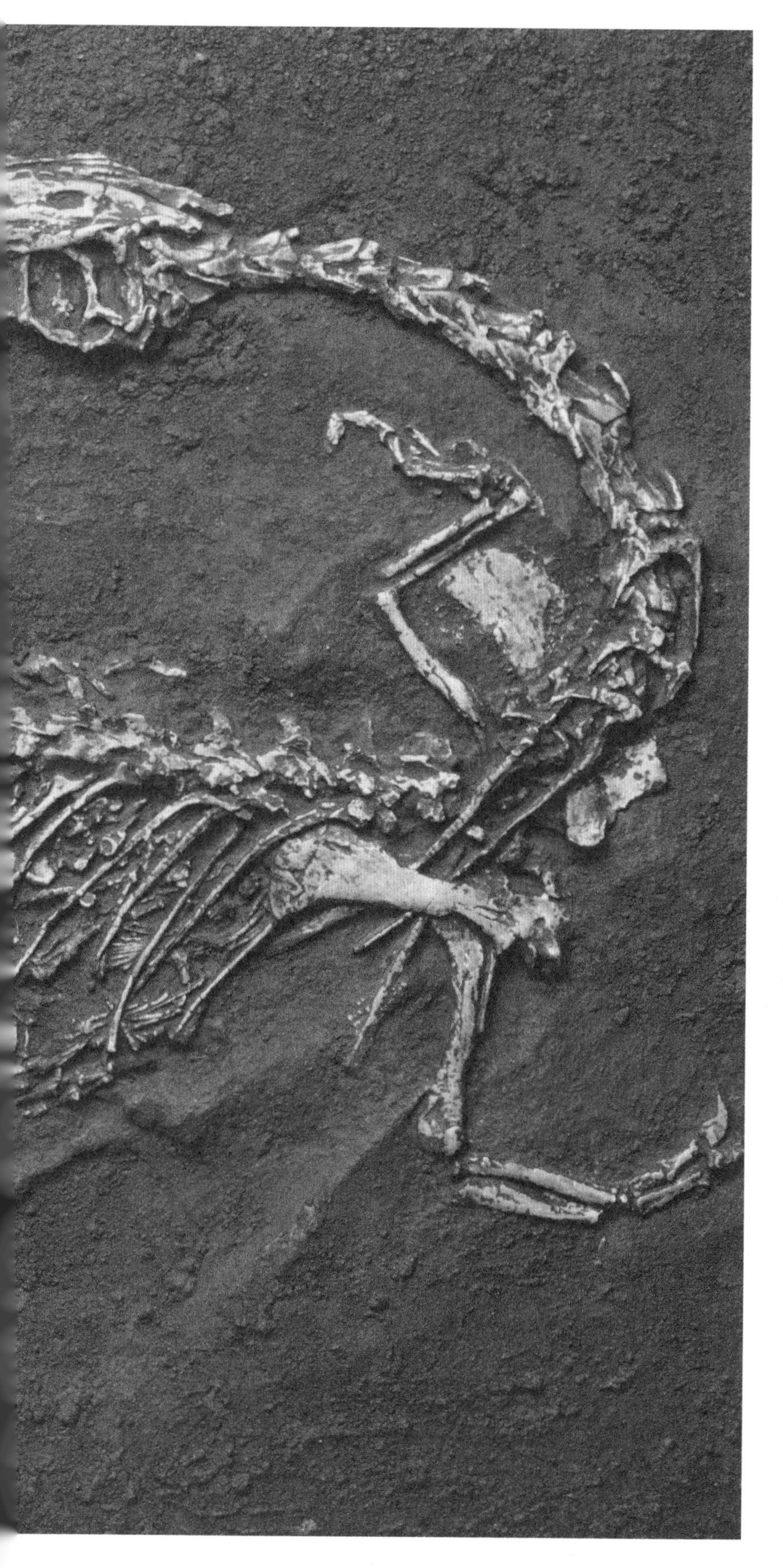

处于改变中的地球

腔骨龙生活在三叠纪晚期，那时候的地球和我们现在的地球非常不同。人们在北美洲发现了大量腔骨龙化石，那里正是泛大陆的一部分。在三叠纪晚期，海平面很低，而且那时的气候又热又干燥，腔骨龙生活的大部分区域都是沙漠。不过陆地的形态也在改变，在森林开始覆盖的地区，针叶树开始出现。森林中生长着大量蕨类植物以及两种种子植物——苏铁和本内苏铁。现在的北美洲地区，有一些动物与腔骨龙处于同一环境，其中包括大椎龙和原鳄（两者都来自美国亚利桑那州）。大椎龙是最早被发现的原蜥脚类恐龙之一，原鳄是最早期的鳄鱼之一。在2亿年前，地球上忽然出现了一场大灭绝，这场灭绝让当时一半以上的物种都消失了，而像腔骨龙这样的恐龙及其后代，就成了这个星球上最主要的陆地脊椎动物。

犬颌兽

重要统计资料

化石位置：阿根廷、南非、中国、南极洲

食性：食肉动物

体重：未知

身长：1.5 米

身高：未知

名字意义："犬颌"，因为它长有犬齿

分布：人们在南非的卡鲁盆地、阿根廷、中国和南极洲都发现了犬颌兽化石

化石证据

通过研究犬颌兽化石，我们发现它和现代哺乳动物有很多相似之处。它的腹部缺少肋骨，说明它有横膈膜，对哺乳动物来说，横膈膜是一个非常重要的肌肉。由于犬颌兽的化石表明它有多种牙齿和胡须，所以一些古生物学家推测它是恒温动物。虽然没有化石能够展现它皮肤的样子，但有化石表明它可能长着皮毛，在一个疑似犬颌兽爪印的周围，我们可以看到皮毛的印记。

凶猛的犬颌兽看起来像是狼和蜥蜴的杂交，在它所处的环境中，它是十分重要的捕食者。它以成群方式狩猎，而且会去攻击更大型的动物。肯氏兽可能是它的猎物之一，肯氏兽是一种食草动物，它的体形是犬颌兽体形的两倍。犬颌兽的头部最长可达 45 厘米，几乎占据了它整个身体长度的三分之一，而且它巨大的颌部有着强大的咬合力。因为犬颌兽的嘴中长着次生颚，所以它能够同时呼吸和吞咽食物。

颌

犬颌兽长着多种牙齿，其中包括门齿和锋利的犬齿，因此它能在吞咽食物之前有效地处理食物。

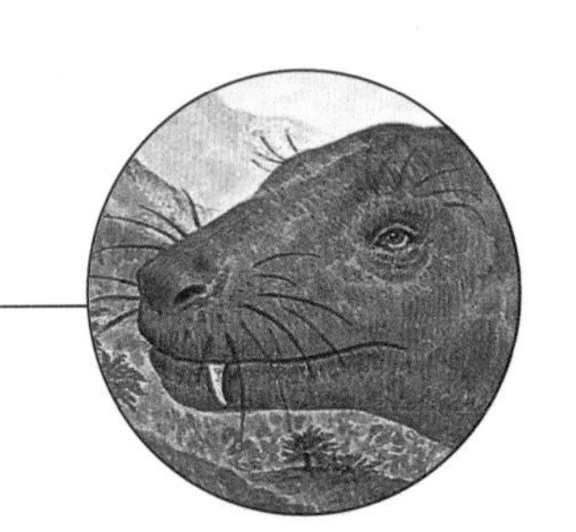

哺乳动物的进化

犬颌兽是在恐龙之前出现的犬齿兽亚目（"拥有犬类牙齿的动物"）动物之一，因此它可以帮助古生物学家了解在它出现之后的几千万年中，哺乳动物是如何进化的。犬颌兽是一种长得像爬行动物的哺乳动物，它和现代哺乳动物有很多共同特征：它的腿直接长在身体下方，而不是长在侧面；它可能是恒温动物；它可能是胎生，而不是卵生；它有胡须，这意味着它很可能有皮毛。

目·兽孔目·**科**·犬颌兽科·**属 & 种**·犬颌兽

犬颌兽的口鼻部有一些洞孔和管状物，其中可能包含了胡须的感觉神经——这是某些现代哺乳动物拥有的特征。

一个世界，一个大陆

人们在四个大洲都发现了犬颌兽的标本，其中包括阿根廷、南非、中国和南极洲。我们都知道，这些大洲现在是分开的，那么是什么原因导致了犬颌兽的这种分布情况呢？1912 年，科学家阿尔弗雷德·魏格纳提出，这些大洲曾经都是连在一起的，但是后来分开了。而且魏格纳指出，某些物种的化石分布情况，比如犬颌兽的标本分布在四个大洲，可以支撑他的这个理论。

后肢

犬颌兽的后肢短而强壮，它可以用后肢快速奔跑，但是由于脊柱左右移动较大，所以它跑起来有些摇摆。

时间轴（数百万年前）

540	505	438	408	360	280	248	208	146	65	1.8 至今

犬颌兽

目·兽孔目·**科**·犬颌兽科·**属&种**·犬颌兽

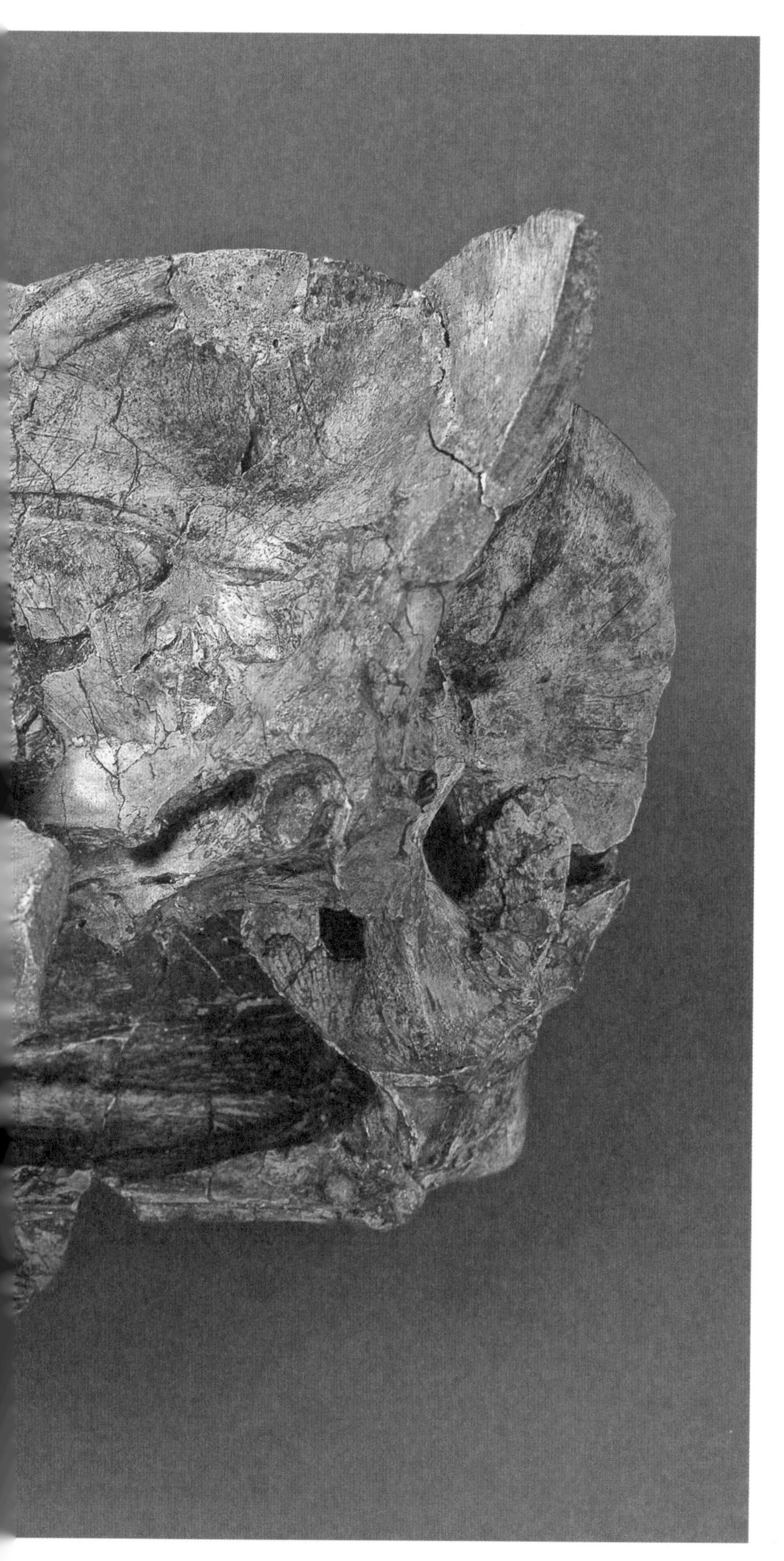

三叠纪时期的犬颌兽

犬颌兽生活在三叠纪，地球在当时发生了很多变化。地球上所有大陆组成的泛大陆正处于分裂状态；珊瑚已经出现；天空中充满了新生命；翼龙，或称作“长着翅膀的爬行动物”已经飞向了天空；海龙（“海洋蜥蜴”）和鱼龙（“鱼类蜥蜴”）也成为海洋中新的居民；石松和苏铁在陆地上生长，银杏也是（如今银杏还仍旧存在），而且最为多产的种子植物开始覆盖地面。三叠纪时期的气候是赤道气候，大部分区域都是沙漠，因此又热又干燥。那时地球两极还没有冰，所以生物能够在两极湿润而温和的区域生活。犬颌兽是三叠纪早期的重要捕食者之一，但是在那之后，主龙类爬行动物开始出现，并最终成为支配物种。哺乳类动物在三叠纪时期也出现了，但在一段时间里，它们只是在夜间活动的小型动物，很可能以昆虫为食。然而三叠纪时期的世界并不稳定，它最终以一场大灭绝结束。造成这场大灭绝的原因可能是大规模的火山爆发，也可能是全球气候变冷。

艾雷拉龙

重要统计资料

化石位置：阿根廷

食性：食肉动物

体重：200~350 千克

身长：3 米

身高：未知

名字意义："艾雷拉的蜥蜴"，因为一个叫维克托里诺·艾雷拉的农场工人首先发现了该物种的化石

分布：迄今为止，我们只在阿根廷巴塔哥尼亚的西北部发现了艾雷拉龙化石

化石证据

艾雷拉龙最好的标本是被偶然发现的，发现它的地方距离第一次发现其化石碎片的地方很近。当人们发现它的时候，侵蚀作用刚开始将两具几乎完整的骨架显现出来。这些标本被保存得太好了，以至于我们可以清楚看到它细小的耳骨和虹膜的骨板。正是因为发现了这些化石，我们才可以复原艾雷拉龙。在艾雷拉龙的头骨上，我们发现了一些复原了的牙痕，这说明它是以群居方式生活的，而且它会为了获得兽群中的地位而战。

恐龙
三叠纪

艾雷拉龙是最早的食肉恐龙之一，它生活在南美，当时恐龙刚刚进化出来，而且非常少见。艾雷拉龙巨大的锯齿状牙齿可以咬穿骨头，而且它很可能跑得很快。艾雷拉龙的后腿十分强壮，长尾巴较为僵硬，可以用来保持身体平衡，后腿和尾巴的构造都可以让它跑得很快。但是，这种捕食者不能一直随心所欲，它的头骨上有被击穿造成的伤口，说明它会成为巨型爬行动物蜥鳄的猎物。

颌

艾雷拉龙的颌有双铰结构，能让它牢牢咬住猎物。这一特点只有5000 万年后出现的恐龙才具备。

前肢

为了能够紧紧抓住猎物，艾雷拉龙的拇指是半对生的。艾雷拉龙的爪子十分锋利，前两根手指就长着这样的爪子。

变化的时代

艾雷拉龙生活在全球生态系统的转折期。在那个时代的化石中，恐龙只占 6%，然而到了三叠纪末期，恐龙已经开始成为陆地上的主宰了。这可能是因为三叠纪末期出现了一场大灭绝，而恐龙从那场大灭绝中存活了下来。与此同时，火山爆发导致大陆开始分裂。

目 · 蜥臀目 · 科 · 艾雷拉龙科 · 属 & 种 · 伊斯基瓜拉斯托艾雷拉龙

令人困惑的进化

要想画出艾雷拉龙的祖谱是很困难的。它和侏罗纪晚期的恐龙有相似的特征；它锥状的牙齿在同时代的动物中是独一无二的；它的前肢比后腿短得多，这是为了能抓住猎物，后来出现的恐龙也有这一特点。它的体长可达 3 米，直到侏罗纪时代，恐龙才能长到这样的身形。

身体

我们只能猜测恐龙是什么颜色的。不过艾雷拉龙可能会有一些伪装色，帮助它躲在灌木丛中。

时间轴（数百万年前）

540	505	438	408	360	280	248	208	146	65	1.8 至今

艾雷拉龙

目 · 蜥臀目 · 科 · 艾雷拉龙科 · 属 & 种 · 伊斯基瓜拉斯托艾雷拉龙

艾雷拉龙的发现

1958 年，人们在阿根廷西北部的伊沙瓜拉斯托组地层发现了艾雷拉龙化石，当时只发现了一个破碎的骨架，但在 1988 年，人们又发现了一具完整的艾雷拉龙骨架、一块头骨和一些碎片。第二次发现使人们可以更好地复原艾雷拉龙，虽然不是全部，但复原后的艾雷拉龙确实显示了一些恐龙特征。其中一个特征是艾雷拉龙骨盆的结构，另一个特点是它的身形，艾雷拉龙的身形特别像肉食恐龙。但是它的臀骨和腿骨的排列明显是主龙类动物的排列方式。在主龙类动物的鼎盛时期，它们比地球上任何其他动物的数量都更多，更为发达，且进化出了更多物种。然而，在经历了差不多 5000 万年的鼎盛期后，一次气候变化造成了它们的大灭绝，只有一小部分主龙类动物在大灭绝中存活了下来，而它们的后代——恐龙则因此登上了统治之位。

水龙兽

重要统计资料

化石位置：南极洲、南非、俄罗斯、蒙古国、印度、中国、澳大利亚

食性：食草动物

体重：91 千克

身长：1.5 米

身高：未知

名字意义："铲子蜥蜴"，因为它的喙长得像铲子

分布：人们在世界各地都发现了水龙兽，包括南极洲、南非、印度、俄罗斯、蒙古国、中国和澳大利亚

化石证据

虽然人们在世界各地都发现了水龙兽的标本，但其中大部分都是在南非的卡鲁区被发现的。至于人们具体发现了多少种，一直存在争议。在 20 世纪 30—70 年代，古生物学家发现了多达 23 种水龙兽，但是在 20 世纪 80—90 年代，种数被修正为 6 种，到 2006 年，更是被修正为只有 4 种。其中一种迈氏水龙兽，在二叠纪—三叠纪大灭绝事件中灭亡了。该种水龙兽是忽然出现在化石记录中的，它可能是迁徙至卡鲁盆地的。

史前动物
三叠纪

水龙兽的体形与猪类似，它生活在湖泊和沼泽的附近，较宽的脚面使它可以通过沼泽。水龙兽可能水陆植物都吃，而且能将水生植物从湖泊和河床里铲出来。水龙兽的颌部很适合吃植物，虽然不太有力气，但上下颌可以前后移动，将植物剪切开。水龙兽的前肢很强壮，可能很擅长挖洞，而且水龙兽可能就住在洞穴中。水龙兽是三叠纪早期最常见的陆生脊椎动物之一，在一些化石岩层发现的标本中，它的数量可以占到 95%。

嘴

水龙兽的喙很锋利，可以撕开坚硬的植物，同时它或许可以用两颗尖牙把植物挖出来。

鼻孔

水龙兽的鼻孔长得比嘴巴高很多，所以当它待在湖泊或沼泽中时，不需要仰头就能呼吸。

一种非常成功的属

水龙兽属中至少有一种在二叠纪—三叠纪大灭绝中存活了下来。可能是因为天敌和竞争者都在大灭绝中灭亡了，所以它的多样性在当时得到了充分发展。在一些三叠纪早期的岩层中，水龙兽的化石在全部物种中占到了 95%。这种单一陆地脊椎动物属的成功还没有在其他岩石记录中被发现过。

目·兽孔目·**科**·水龙兽科·**属&种**·在水龙兽属内有众多物种

腿

人们一度认为水龙兽一直在水中生活。它的后腿非常强壮，而且行动很敏捷，这说明它其实更适合陆地生活。

幸存者

为什么水龙兽可以在二叠纪—三叠纪大灭绝事件中幸存下来？关于这个问题存在一些解释。有人认为是由于水龙兽是一种半水生动物，所以它既可以生活在水中，也可以生活在陆地上。也有人认为它有一种特殊的身体构造，使它可以适应二氧化碳比例不断上升的大气环境。而且由于在大灭绝事件中，体形越大的动物越容易受到伤害，所以相对小的体形其实对水龙兽也是一种保护。遗憾的是，上述所有解释都存在争议。

时间轴（数百万年前）

540	505	438	408	360	280	248	208	146	65	1.8 至今

科罗拉多斯龙

目·蜥臀目·**科**·大椎龙科·**属&种**·短体科罗拉多斯龙

这种恐龙以植物为食，它的头很小，眼睛很大，身体也很大。或许鼠龙长大之后就成了科罗拉多斯龙，因为它们都是原蜥脚类恐龙，而且处于同样的时代和地区。但遗憾的是，这方面的证据很少。

重要统计资料

化石位置：阿根廷

食性：食草动物

体重：290 千克

身长：最长可达 4 米

身高：1.5 米

名字意义："洛斯科罗拉多斯的蜥蜴"，人们根据发现它的岩石层将之命名

分布：人们只在阿根廷的洛斯科罗拉多斯岩石中发现了科罗拉多斯龙

化石证据

科罗拉多斯龙是一种四足食草恐龙，由于它和鼠龙幼崽的化石被发现于同一地点，所以一些古生物学家认为它们是同一种动物。虽然科罗拉多斯龙用四足行动，但很可能可以靠两条后腿直立。当它直立时，能用前面的爪子去抓食物，也可能用爪子来攻击捕食者。科罗拉多斯龙原先叫作科罗拉迪亚，但是由于这个名字已经被一种蛾类占用了，所以就被改成了现在的名字。

恐龙
三叠纪晚期

时间轴（数百万年前）

540 | 505 | 438 | 408 | 360 | 280 | 248 | 208 | 146 | 65 | 1.8 至今

链鳄

目·坚蜥目·**科**·锹鳞龙科·**属 & 种**·斯普尔链鳄，斯莫利链鳄

链鳄的肩膀上长有尖刺，身上有甲胄，看起来很吓人。但实际上它是一种很温和的草食性爬行动物，而它很有侵略性的外表可能是为了威慑捕食者。

重要统计资料

化石位置：美国

食性：食草动物

体重：未知

身长：最长可达 5 米

身高：1.5 米

名字意义："链接鳄鱼"，因为它和现代鳄鱼在一些方面很相像

分布：1920 年，人们在美国得克萨斯州发现了链鳄化石，而且链鳄也是在那一年被命名的

化石证据

除了它背上长着两排弯曲且呈锯齿状的尖刺之外，链鳄看起来很像它的主龙类亲戚。链鳄从肩膀两侧伸出的尖刺是最大的，可以有效地威吓攻击者。它的背部、尾巴和腹部都有甲胄，这些甲胄也可以起到防御作用。链鳄的牙齿看起来像钉子一样，不过由于它的牙齿力气很小，所以它可能只能用牙齿咀嚼植物，而无法进行攻击。链鳄可以用鼻子挖掘植物。它的四肢直接长在髋关节下方，而非侧边。

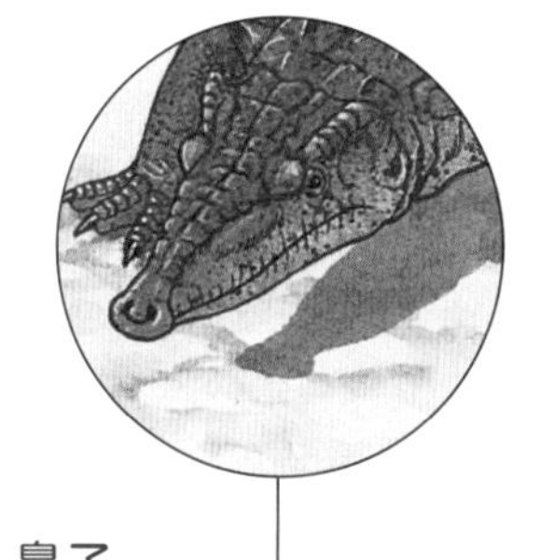

鼻子

链鳄的头长得像猪，它的鼻子很钝，可能可以像铲子一样把植物连根挖出。

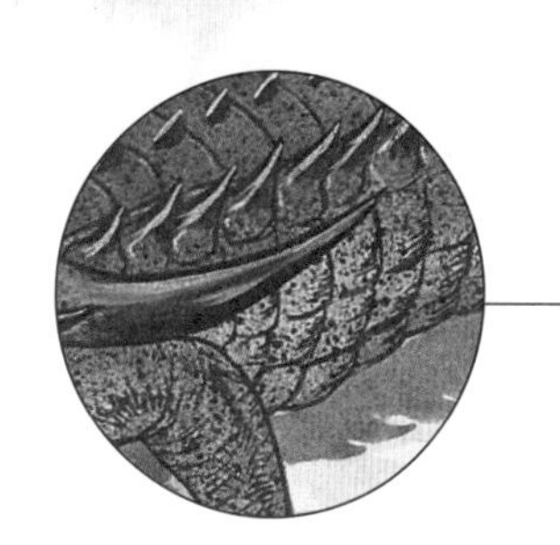

尖刺

在它那么多尖刺中，最长的就是肩膀上的刺，长度可达 45 厘米。

史前动物
三叠纪晚期

时间轴（数百万年前）

540 | 505 | 438 | 408 | 360 | 280 | 248 | 208 | 146 | 65 | 1.8 至今

南十字龙

目 · 蜥臀目 · 科 · 南十字龙科 · 属 & 种 · 普氏南十字龙

南十字龙是最早期的恐龙之一，是一种行动迅速的肉食野兽。

重要统计资料

化石位置：南美洲

食性：食肉动物

体重：28 千克

身长：2 米

身高：80 厘米

名字意义：“南十字座的蜥蜴”，人们以一个只能在南半球看到的星座命名这种动物

分布：人们在巴西和阿根廷发现了极少的南十字龙化石

化石证据

可能因为在南十字龙生活的森林环境中，化石很难形成，所以它的化石很少。但是，由于它是一种早期兽脚亚目动物，所以古生物学家很确信，他们可以完整描述出这个动物。南十字龙的体形较小，脑袋较大，脖子细长。它的腿又长又壮，脚上有 5 个脚趾；前肢较短，长着 4 个指爪。南十字龙细长的尾巴可以用来保持身体平衡。它的下颌上有一个滑动关节，使之能够前后伸缩下颌，将猎物吞进喉咙，后来出现的兽脚亚目动物没有这个特征。

牙齿

南十字龙的头很大，嘴中长有向后弯曲的锋利牙齿。一些人认为这些牙齿足够大，所以南十字龙可以攻击比它更大的动物。

腿

南十字龙的后腿很大，因此它很可能是当时陆地上跑得最快的动物。对于食肉动物来说，这是一个巨大的优势。

恐龙
三叠纪晚期

时间轴（数百万年前）

醒龙

目 · 鸟臀目 · 科 · 畸齿龙科 · 属 & 种 · 伴侣醒龙

这种动物处于许多争论的中心。它到底会不会夏眠？缺少尖牙是否表明这些化石就属于雌性？它和畸齿龙真的有区别吗？

重要统计资料

化石位置：南非

食性：食草动物

体重：43 千克

身长：1.2 米

身高：35 厘米

名字意义："不眠的蜥蜴"，因为它不蛰眠

分布：已发现的两个醒龙标本都在南非

化石证据

在古生物学界，这种动物是在一片争议声中改名的。它生活的地方是现在的南非，那里夏季植物很少，所以醒龙要想存活下来，只有两个选择：要么竭尽全力地四处寻找食物，要么进行夏眠，直到雨季到来，滋养大地，它才苏醒过来。J.A. 霍布森争辩说，醒龙的牙齿表明它全年都很活跃，因此赋予了它"不眠"这个名字。醒龙的化石中没有尖牙，这点也引起了人们的争论（该化石可能是个没有尖牙的雌性或者幼崽），有人猜测说这些化石实际上可能属于它的近亲畸齿龙。

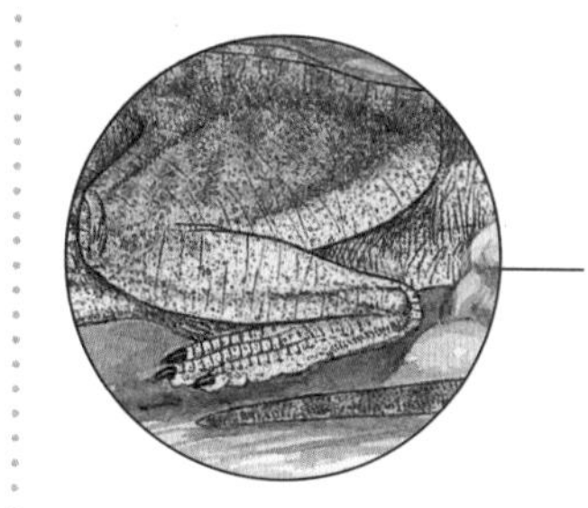

腿

醒龙是一种鸟臀目恐龙（如鸟类般的臀部），它可以靠两条后腿直立，当它和天敌离得很近时，这两条腿可以帮助它极速逃离。

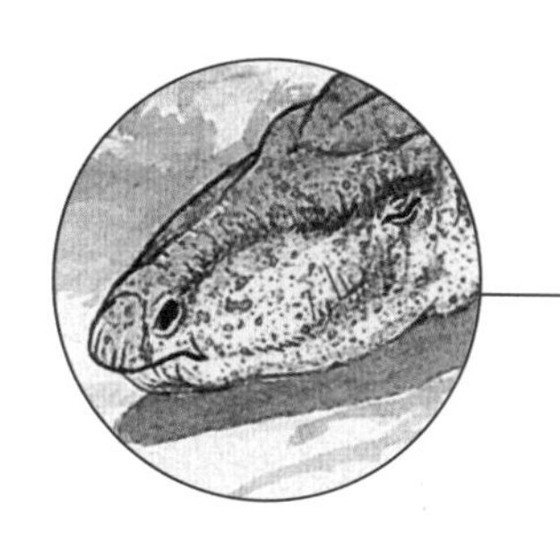

牙齿

和其他畸齿龙科动物不同，醒龙的下颌上没有犬类尖牙。它的颊齿非常稀疏，这说明它是一种早期原始恐龙。

恐龙
侏罗纪早期

时间轴（数百万年前）

540 | 505 | 438 | 408 | 360 | 280 | 248 | 208 | 146 | 65 | 1.8 至今

砂龙

目·蜥臀目·**科**·近蜥龙科·**属&种**·大砂龙

砂龙只有4米长，它是后来出现的蜥脚类恐龙（其中一些物种体形巨大）的小型亲戚。砂龙以植物为食，而且很可能用两足或四足方式行走。

重要统计资料

化石位置：美国

食性：食草动物，可能是杂食动物

体重：290千克

身长：4米

身高：1.8米

名字意义："砂地蜥蜴"，因为它是在砂石中被发现的

分布：人们首先在美国康涅狄格州的砂石岩层中发现了砂龙化石，随后在亚利桑那州也有发现

化石证据

1884年，工人在建造康涅狄格州的南曼彻斯特大桥时，发现了砂龙身体后侧的化石残片。85年后，人们在拆毁这座大桥时，发现了更多的砂龙骨头。目前共存有四具不完整的砂龙骨架。根据这些化石，我们可以知道砂龙的脖子和尾巴都很长，头很小，身体比较庞大，而且它明显是一种食草恐龙。砂龙的手掌很大，上面长着拇指指爪，这种指爪或许可以帮它抵御天敌，不过它的主要防御武器可能是它的灵活性，因为它既可以用两足前进，也可以用四足前进。砂龙和近蜥龙实在是太像了，以至于有一些古生物学家认为它们是同一种动物。

恐龙
侏罗纪早期

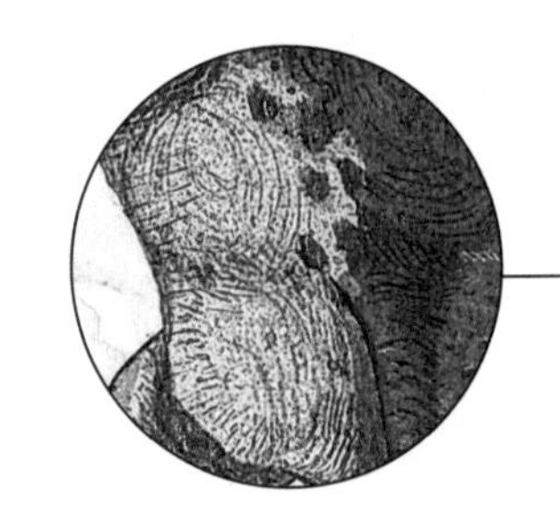

胃容物

像砂龙这样的原蜥脚类恐龙，胃部化石中会有胃石（一些被吞下的石子，可能可以帮助消化）以及一些小型爬行动物的残余，这说明它们是杂食动物。

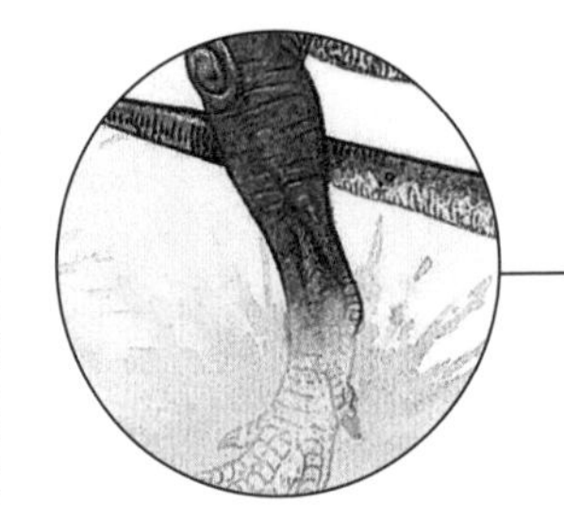

行走

砂龙既可以两足行走，也可以四足行走，所以它选择食物的范围比较广，还能够进行短距离的冲刺。

时间轴（数百万年前）

540	505	438	408	360	280	248	208	146	65	1.8 至今

近蜥龙

目·蜥臀目·**科**·近蜥龙科·**属 & 种**·波里齐拉斯近蜥龙

重要统计资料

化石位置：美国

食性：食草动物

体重：30~70 千克

身长：2~4 米

身高：1 米

名字意义："近似蜥蜴"，因为人们认为它可以连接远古的恐龙和后来出现的恐龙

分布：人们在美国康涅狄格州和马萨诸塞州发现了近蜥龙化石，近蜥龙是首批在美国被发现的恐龙之一

化石证据

近蜥龙是最小、最原始的原蜥脚类恐龙之一。它可以依靠强壮的后腿直立，从而能够到树叶，不过它主要用四足行走。它的脖子很长，是最早一批能够用脖子碰到头顶树叶的恐龙之一。近蜥龙的颚中长着锯齿状牙齿，这些牙齿可以撕开和磨碎植物。它的胃里有胃石——这些小石子可以帮助它碾磨食物，促进消化。有时，近蜥龙又被称作耶鲁龙，这是因为它的化石被保存在耶鲁皮博迪博物馆。

恐龙

侏罗纪早期

人们在 1818 年首次发现了近蜥龙化石，当时人们对恐龙还所知甚少，以至于一开始将近蜥龙的骨头误认为是人类的骨头。1885 年人们将近蜥龙鉴定为一种恐龙。

爪子

当近蜥龙直立时，它的爪子会抓住树叶并将树叶撕开；当它用四足行走时，它的爪子可以牢牢抓地。

脖子

近蜥龙的脖子很长，这导致它的身体有点头重脚轻，所以它更适合用四足行动。

时间轴（数百万年前）

540	505	438	408	360	280	248	208	146	65	1.8 至今

巨脚龙

目 · 蜥臀目 · 科 · 火山齿龙科 · 属 & 种 · 泰氏巨脚龙

重要统计资料

化石位置：印度

食性：食草动物

体重：未知

身长：18~20 米

身高：6 米

名字意义：“巨腿蜥蜴”，因为它的大腿骨有 1.7 米长

分布：印度哥打组地层的石灰岩有利于保存各种史前生物化石

化石证据

人们在印度的一个地层中同时发现了八九种巨脚龙的标本，这说明它是以群居方式生活的。尽管已经发现了很多巨脚龙化石，但目前还没有发现过它的头骨。古生物学家根据发现的巨脚龙牙齿化石，推测出了它头部的样子。为了维持庞大的身体，巨脚龙可能大部分时间都在进食。它的脖子很长，而且它可能可以靠后肢直立，所以它很容易就可以吃到长在高处的树叶。

恐龙
侏罗纪早期

巨脚龙是已知最早的蜥脚类恐龙之一，它有着令人震撼的体形，这说明就算是最早的蜥脚类恐龙，体形也很庞大。长长的大腿骨使它“巨腿蜥蜴”的名字当之无愧。

脊椎

巨脚龙的脊椎比较重，而且几乎是实心的。而后来出现的蜥脚类恐龙的脊椎都是中空的，且重量较轻。

牙齿

虽然还没有发现巨脚龙的头骨，但是我们在化石中发现了它勺子般的牙齿，这样的牙齿很适合切割树叶。

时间轴（数百万年前）

540	505	438	408	360	280	248	208	146	65	1.8 至今

莫阿大学龙

目 · 鸟臀目 · **科** · 分类未定 · **属 & 种** · 恩斯特莫阿大学龙

因为莫阿大学龙的化石是不完整的，所以它看起来有几分神秘色彩。关于这种恐龙的争论萦绕不止，它究竟是剑龙的远古亲戚，还是就是一种小型剑龙呢？

重要统计资料

化石位置：德国

食性：食草动物

体重：227 千克

身长：2 米

身高：60 厘米

名字意义：“恩斯特 - 莫里兹 - 阿德特大学的蜥蜴”，因为这所大学位于化石发现地的旁边

分布：在德国北部梅克伦堡地下，有许多古老的熔岩流碎片，人们在那里发现了莫阿大学龙的化石

化石证据

莫阿大学龙被归类为鸟臀目恐龙中的装甲亚目，这意味着它有装甲，而且四足行走。由于我们只发现了部分甲胄、骨架和头骨，所以要想确认莫阿大学龙的习性是很困难的。莫阿大学龙是肢龙的亲戚，会用强壮的四肢行动。因为它的后肢比前肢更长，所以它的臀部是身体的最高点。莫阿大学龙那树叶状的牙齿和角质喙很适合夹住柔软的植物。

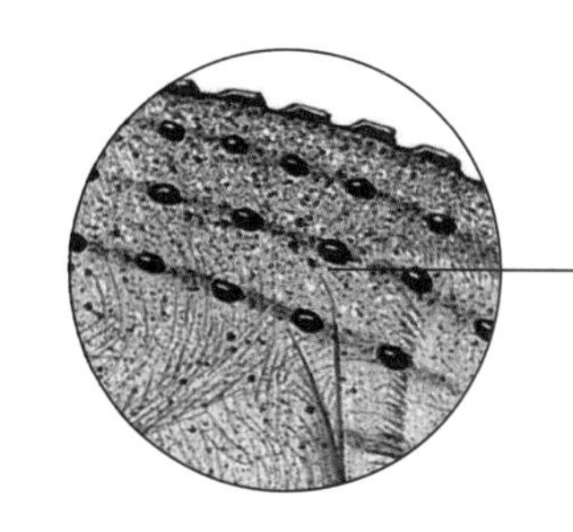

甲胄

一排排布满骨甲的坚硬甲胄可以保护莫阿大学龙的身体，使它不会被肉食性天敌咬伤。

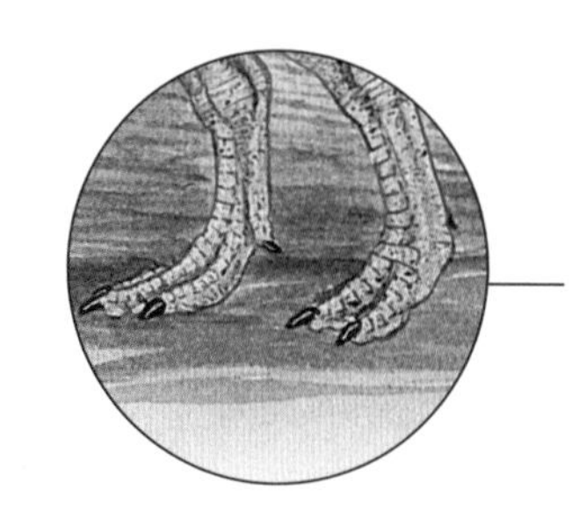

脚

莫阿大学龙虽然体形小，但是身体很重，它的脚十分宽大，可以用来支撑身体，也可以防止它陷入沼泽。

恐龙
侏罗纪早期

时间轴（数百万年前）

540 | 505 | 438 | 408 | 360 | 280 | 248 | 208 | 146 | 65 | 1.8 至今

哥打龙

目·蜥臀目·**科**·火山齿龙科·**属&种**·牙地哥打龙

人们认为哥打龙是已知最古老的蜥脚类恐龙，因为它同时具备了蜥脚类恐龙和原蜥脚类恐龙的特征。目前还没有其他恐龙具备这些过渡性特征。

重要统计资料

化石位置：印度

食性：食草动物

体重：未知

身长：9 米

身高：3 米

名字意义："哥打蜥蜴"，因为它是在印度的哥打组地层被发现的

分布：印度的哥打组地层有着丰富的化石，人们在那里发现了许多史前鱼类、爬行动物、蜥蜴、恐龙和植物的化石

化石证据

哥打龙是最早一批有着长脖子的巨型恐龙之一。它庞大的体形反映了蜥脚类恐龙的特征，但是它的骨骼同时具备了蜥脚类恐龙和原蜥脚类恐龙的特征。哥打龙的尾巴很长，可以平衡它长长的脖子。哥打龙依靠粗壮的腿缓慢行动。作为食草动物，速度并不是那么重要，因为它不需要去追赶猎物。哥打龙的头很小，其中的大脑也非常小，它的牙齿有点钝，很适合咀嚼树叶和柔软的植物。

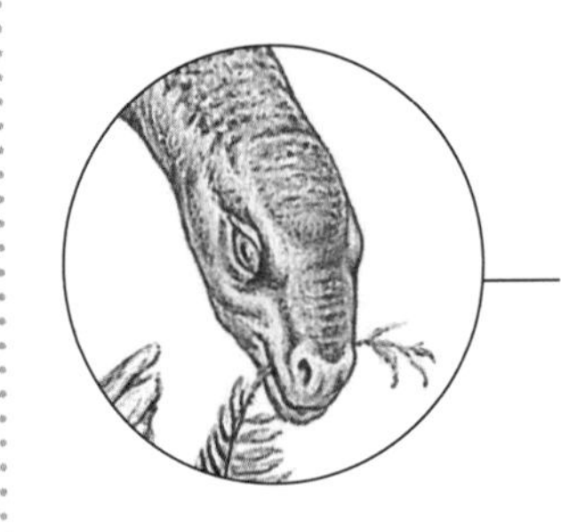

大脑

哥打龙的大脑很小，所以它比较笨。万幸的是，成为一只体形巨大、动作迟缓的食草动物并不需要很高的智商。

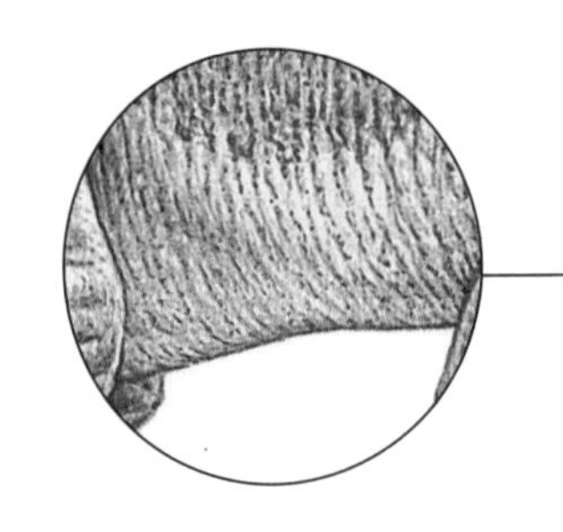

胃

哥打龙的胃部很大，这对于容纳和消化大量植物来说是必要的。

恐龙
侏罗纪早期

时间轴（数百万年前）

540	505	438	408	360	280	248	208	146	65	1.8 至今

禄丰龙

目·蜥臀目·**科**·板龙科·**属&种**·许氏禄丰龙

禄丰龙是已知最古老的中国恐龙之一，也是首个在中国发现的完整骨架的恐龙。人们在云南省发现了禄丰龙的化石，这说明原蜥脚类恐龙遍布世界。

重要统计资料

化石位置：中国

食性：食草动物

体重：未知

身长：6米

身高：3米

名字意义："禄丰蜥蜴"，人们根据发现它的中国岩层的名字命名的

分布：中国云南省禄丰组地层的沉积岩中蕴藏着丰富多样的化石

头

禄丰龙的头又小又平，这使它可以够到其他恐龙够不到的树枝，并以之为食。

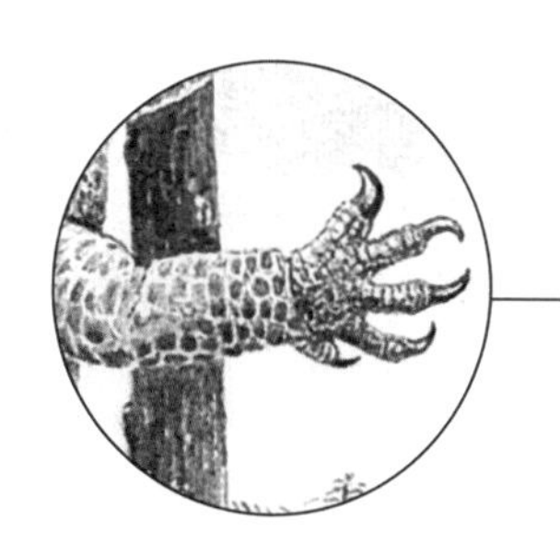

爪子

禄丰龙的前肢长有锋利的爪子，爪子上的拇指指爪非常突出，很适合抓住和撕开植物，也可以帮助它抵御天敌。

化石证据

禄丰龙的后肢比前肢要长，这是原蜥脚类恐龙的典型特征。禄丰龙的脖子很长，而且它很可能可以靠后肢站立，获取高处的树叶为食。因为禄丰龙的牙齿很锋利，而且呈锯齿状，所以一些人认为它也会吃肉，但这一观点后来被排除了，因为人们在它的化石中发现了胃石。另外，美洲鬣蜥也有类似的锋利牙齿，但它却是食草动物，这也进一步降低了禄丰龙是杂食动物的可能性。

恐龙
侏罗纪早期

时间轴（数百万年前）

540	505	438	408	360	280	248	208	146	65	1.8 至今

狼鼻龙

目 · 鸟臀目 · 科 · 畸齿龙科 · 属 & 种 · 狭齿狼鼻龙

由于一开始人们只发现了一些零碎的狼鼻龙化石，几乎有 40 年之久，它都没有被视为一种恐龙。它的颚中同时长有较钝的颊齿和锋利的犬齿，这在恐龙中较为少见。

重要统计资料

化石位置：南非

食性：食草动物

体重：未知

身长：1.2 米

身高：40 厘米

名字意义：“狼的鼻子”，因为它下颌上的牙齿长得像狼一样

分布：上艾略特组地层横跨了南非和莱索托，人们就是在那里发现了狼鼻龙化石的

化石证据

和其他食草恐龙一样，狼鼻龙也可以用它没有牙齿的喙咬掉嫩枝和树叶。首批被发现的狼鼻龙化石中包含了一部分颌骨，由于它有锋利的犬状牙齿，所以人们曾误认为它属于犬齿兽亚目动物。经过了将近 40 年，到了 1962 年，畸齿龙被发现了，人们才意识到狼鼻龙其实是畸齿龙的亲戚，狼鼻龙终于在恐龙界中找到了它正确的位置。

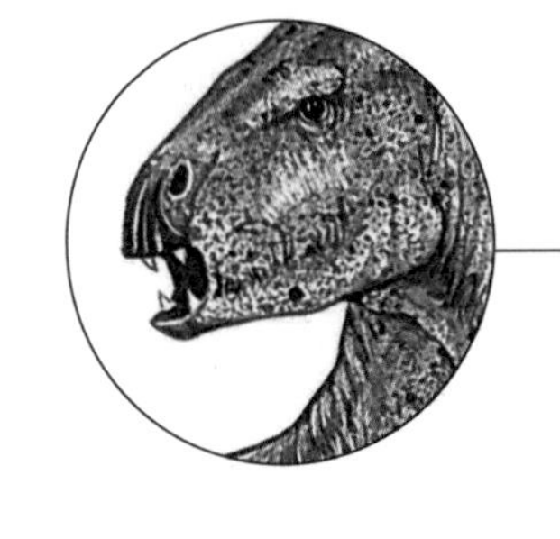

牙齿

狼鼻龙是一种小型恐龙，而且它可能会用犬齿抵御饥饿的天敌。

后肢

在狼鼻龙的后腿中，小腿骨比大腿骨要长，所以它可以快速奔跑。

恐龙
侏罗纪早期

时间轴（数百万年前）

540 | 505 | 438 | 408 | 360 | 280 | 248 | 208 | 146 | 65 | 1.8 至今

合踝龙

目 · 蜥臀目 · 科 · 腔骨龙科 · 属 & 种 · 津巴布韦合踝龙，卡岩塔合踝龙

重要统计资料

化石位置：非洲、北美洲

食性：食肉动物

体重：30 千克

身长：3 米

身高：80 厘米

名字意义：“接合的跗骨”，可能是指它的脚踝骨有些被融合或连接在一起

分布：人们在津巴布韦的岩床中同时发现了差不多 30 个合踝龙标本，另外在北美洲也发现了该物种的化石

化石证据

合踝龙是一种两足动物，骨头中空，很轻，腿又长又强壮，因此合踝龙可以跑得很快。合踝龙可能以成群的方式狩猎，它们或许会追捕小型哺乳动物和蜥蜴。人们在非洲和北美洲都发现了合踝龙化石，这说明它们在各大洲一起组成泛大陆时就在大陆间迁徙了。非洲和北美洲的种群存在差别，这表明合踝龙在迁徙过程中会适应不同的环境变化。

合踝龙是一种行动敏捷的轻型恐龙，会以成群方式追捕小型猎物。它被叫作“接合跗骨”，但是后来科学家发现有一种甲虫已经叫了这个名字，所以又起了另一个名字“大死亡蜥蜴”。

冠

美洲合踝龙的头顶长着双冠，但非洲合踝龙的头顶没有冠。

尾巴

合踝龙在奔跑时会将僵硬的尾巴从身体后方向外伸展，长长的尾巴可以让它在高速奔跑时保持身体平衡。

恐龙
侏罗纪早期

时间轴（数百万年前）

双冠龙

目 · 蜥臀目 · 科 · 角鼻龙科 · 属 & 种 · 月面谷双冠龙

双冠龙的下颌相对来说比较弱，所以它很可能需要靠致命的爪子来打倒猎物。人们曾在同一个地方发现了三具双冠龙的骨架，这表明它们可能会群居生活。

重要统计资料

化石位置：美国、中国

食性：食肉动物

体重：300~450 千克

身长：6~7 米

身高：到臀部的高度有 1.5 米

名字意义："有两个冠的蜥蜴"，因为它头顶上长有两个薄薄的骨冠

分布：美国亚利桑那州纪念碑谷西北部的早期侏罗纪岩层中有砂岩、粉砂岩和页岩。双冠龙发现于这一岩层。中国也发现了双冠龙的化石

化石证据

为了清理和组装双冠龙的骨架，曾有两位工作人员花费了 3 年时间。人们原先将这种恐龙称为巨齿龙，之后发现了更完整的化石，人们才意识到它头顶的双层冠非常独特，所以重新对它进行了命名。这些冠意味着，这是一种未曾被发现的兽脚亚目恐龙。双冠龙的后肢很强壮，重量相当于一匹小马。虽然它的牙齿很锋利，但由于下颌力气不够，所以牙齿更适合撕扯。双冠龙很可能会手脚并用杀死猎物。

冠

双冠龙的头上长有两个新月状的冠，或许可以帮助雄性双冠龙吸引雌性，同时还可以吓退潜在的敌人。

前肢

双冠龙的前肢很灵活，长着 5 根指爪（其中两根非常小），这是兽脚亚目动物的原始特征。

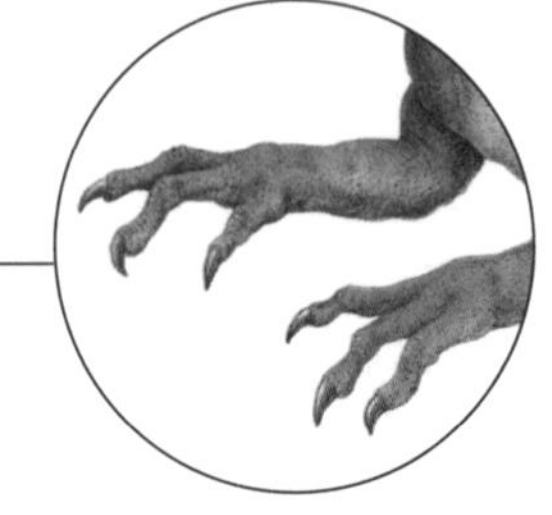

恐龙
侏罗纪早期

时间轴（数百万年前）

540 | 505 | 438 | 408 | 360 | 280 | 248 | 208 | 146 | 65 | 1.8 至今

肢龙

目 · 鸟臀目 · **科** · 分类未定 · **属 & 种** · 哈里斯肢龙

肢龙是一种原始鸟臀目动物，它行动缓慢，身有甲胄。肢龙平时靠四足支撑，但强壮的后肢可能可以让它直立，从而将叶子从树上摘下来。

重要统计资料

化石位置：英格兰、美国西部

食性：长在低处的灌木、蕨类植物

体重：200~250 千克

身长：3~4 米

身高：1.2~1.8 米

名字意义：“腿蜥蜴”，因为它的后肢强壮有力

分布：1861 年，人们在英格兰多塞特郡的石灰岩和页岩的岩层中发现了第一批肢龙化石

化石证据

肢龙虚弱的下颌只能上下移动，这限制了它的咀嚼能力。它可能会吞胃石帮助分解植物。为了使自己不被体形更大、行动更快的捕食者攻击，肢龙很可能会蹲伏下身子，这样脆弱的腹部就可以抵着地面，只留下有甲胄保护的背部和侧面露在外面。肢龙较宽的身体、尾巴和四肢上都排列着一排排的骨板。耳朵后面有两组三叉状皮内成骨，可以保护它的头。

头

肢龙较小的头部、骨质的喙和树叶状的牙齿都是草食性恐龙的特征。

皮内成骨

肢龙的身体被一排排平行的骨板保护着，这些骨板叫作皮内成骨，它们是皮肤下的骨头硬块，外表覆盖着角质材料。

恐龙
侏罗纪早期

时间轴（数百万年前）

540 | 505 | 438 | 408 | 360 | 280 | 248 | 208 | 146 | 65 | 1.8 至今

冰冠龙

在什么地方寻找化石是最艰难的？答案一定是南极洲。在南极周围的冰冻区域，你的睫毛都会被冻在一起。你必须要忘记铲子，拿起炸药进行调查挖掘。然而 1991 年，就是在这里，古生物学家威廉·哈默博士和他的团队有了一项重大发现：在南极洲发现了首个肉食恐龙化石。

重要统计资料

化石位置：南极洲

食性：食肉动物

体重：525 千克

身长：6 米

身高：2 米

名字意义：“冰冻头冠的蜥蜴”，因为它是在南极洲被发现的

分布：冰冠龙化石位于南极洲的柯克帕特里克山，该地海拔有 4000 米，且距离南极 640 千米

化石证据

已发现的冰冠龙化石中包括了 1 个半碎的头骨（颅骨）、1 个下颌部位的骨头（下颌骨）、30 个脊柱上的椎骨、3 个臀骨（髂骨、坐骨和耻骨）、2 个腿骨（大腿骨和腓骨），还有一些踝部和足部的骨头（胫跗骨和跖骨）化石。其中有很多骨头化石还处于它们的自然位置（非常清晰），不过头骨可能是被冰川压碎了。由于冰冠龙的特征兼具原始性和发达性，所以想要对它分类十分困难。先前人们一度认为它属于早期坚尾龙，现在科学家认为它更接近双冠龙。在兽脚亚目的物种进化中，冰冠龙是很重要的一环。

恐龙
侏罗纪早期

头骨

冰冠龙的头骨又深又窄，头骨上长着冠，冠的每一侧都有小角。冰冠龙的锯齿状牙齿是向后弯曲的，十分锋利，能够提供额外的抓力。

尾巴

冰冠龙的尾巴可以起到平衡作用，许多紧密连接的骨头使它的身体更加强壮。

名字意义

冰冠龙生活在 1.95 亿年前，那时南极洲还不是我们现在所看到的冰冻大陆，而是一片侏罗纪森林。它离赤道很近，而且还和非洲连着。在海岸地区，气温从未降到零摄氏度以下，有各种各样的动物存活其间。这就是为什么这个恐龙的名字里有“冰”，但也不是说一定要在有冰的地方才能发现它。

目 · 蜥臀目 · **科** · 角鼻龙科 · **属 & 种** · 艾氏冰冠龙

体形

冰冠龙身长6米，高2米，它比之后出现的更加发达的食肉动物要小得多，如异特龙就有冰冠龙的两倍大。

冠

冰冠龙最显著的特征就是它头上有冠。其他许多恐龙也有冠，但它们的冠通常是沿着头骨纵向长的。而冰冠龙的冠则垂直于头骨的中线，从眼睛上方呈扇形伸出。它的冠有沟痕，外观仿若梳子。事实上，因为它的冠如此像埃尔维斯 · 普雷斯利（美国歌手猫王）奢华的发型，所以这种恐龙有一个非正式名称“埃尔维斯龙”。它如同歌手发型一样的冠，很可能是为了吸引异性。

时间轴（数百万年前）

540	505	438	408	360	280	248	208	146	65	1.8 至今

云南龙

目 · 蜥臀目 · 科 · 云南龙科 · 属 & 种 · 黄氏云南龙

云南龙的牙齿是自行磨尖的，因此它会比其他原蜥脚类恐龙更有优势。通常来说，食草动物的牙齿会随着使用逐渐被磨损。云南龙与众不同的牙齿表明它的食物十分特殊。

重要统计资料

化石位置：中国

食性：食草动物

体重：2000~3500 千克

身长：7 米

身高：2 米

名字意义：“云南蜥蜴”，因为它是在中国云南省被发现的

分布：多年来，人们在中国云南省南部发现了大量优质化石

化石证据

我们根据 20 具云南龙骨架和两块头骨，可以知道云南龙是一种笨重的原蜥脚类恐龙，而且它会用四足行动。云南龙的脖子十分细长，而且很可能可以靠后腿直立，所以它能够吃到当时其他动物够不到的树叶。云南龙的脖子很长，头很小，身体很笨重，脚上长着 5 个趾头，而且脚末端还有弯曲的脚爪，这些都是原蜥脚类恐龙的典型特征。云南龙的后肢又长又壮，这说明当它以四足运动时，身体的最高点在臀部。云南龙是最晚出现的原蜥脚类恐龙之一。

恐龙
侏罗纪早期—中期

时间轴（数百万年前）

540	505	438	408	360	280	248	208	146	65	1.8 至今

瑞拖斯龙

目·蜥臀目·**科**·分类未定·**属&种**·布朗氏瑞托斯龙

瑞拖斯龙是澳大利亚最大的蜥脚类恐龙之一，而且也是已知世界上最早的蜥脚类恐龙之一。虽然还不知道瑞拖斯龙具体体重，但是人们认为它应该和四头大象差不多重。

重要统计资料

化石位置：澳大利亚

食性：食草动物

体重：未知

身长：12~17 米

身高：5 米

名字意义："瑞拖斯蜥蜴"，人们根据希腊神话中的巨人瑞拖斯为它命名

分布：因为人们在澳大利亚昆士兰的某个地方发现了大量恐龙化石，所以该地被戏称为"化石三角"

化石证据

1924 年，在澳大利亚昆士兰州靠近罗马市的地方，一个叫亚瑟·布朗恩的车站经理在站台发现了第一批瑞拖斯龙碎片。当这些碎片被确认为一个新物种的脊椎后，一支探险队开始去寻找更多瑞拖斯龙的化石。1926 年，人们发现了瑞拖斯龙的一部分尾巴、脖子、肋骨和后腿化石。1975 年，人们又发现了更多化石。瑞拖斯龙这种蜥脚类恐龙的四条腿像柱子一样，支撑着它庞大的身体，它的大腿骨居然有 1.5 米长。

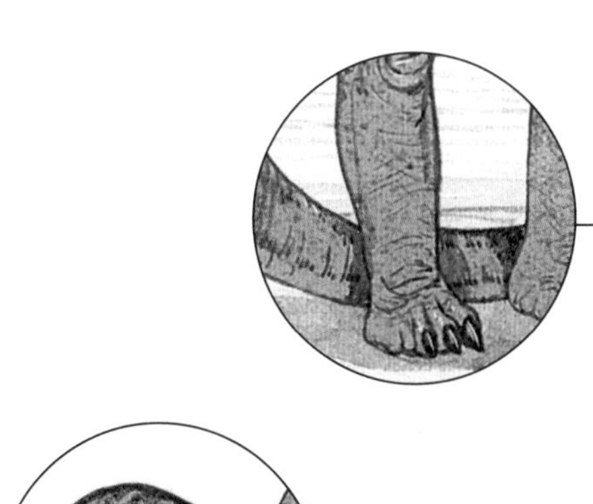

后足

或许是为了将瑞拖斯龙庞大的身体拖上斜坡，它后足的第一个趾头长有巨大的爪子，可以掘地，从而帮助牵引身体。

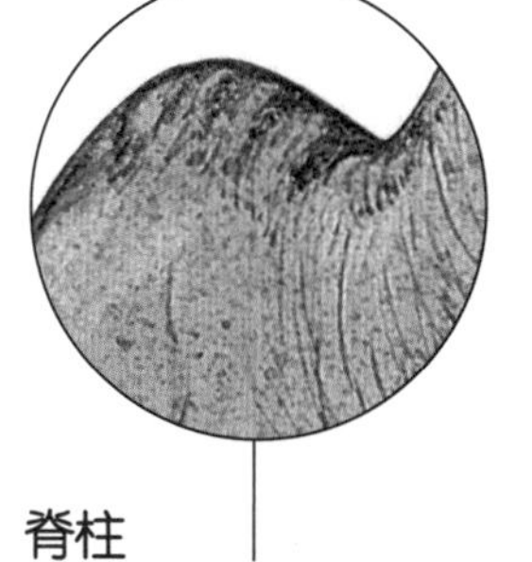

脊柱

瑞拖斯龙的脊椎骨重量很轻，而且中间有软骨，因此它的脊柱不仅重量更轻，而且会比实心的骨头更加灵活。

恐龙
侏罗纪

时间轴（数百万年前）

540	505	438	408	360	280	248	208	146	65	1.8 至今

酋龙

目·蜥臀目·**科**·分类未定·**属&种**·巴山酋龙

重要统计资料

化石位置：中国

食性：食草动物

体重：17.6 吨

身长：14~15 米

身高：5 米

名字意义：“酋长蜥蜴”，可能是因为它有巨大的头骨，在蜥脚下目的恐龙中算领军动物

分布：中国的大山铺组地层有着丰富的恐龙化石，包括蜥脚类、剑龙类和兽脚亚目恐龙化石

化石证据

通常多种蜥脚类恐龙的骨骼会在同一个地区被发现，这说明它们是群居动物，会生活在兽群中。然而，酋龙化石是单独被发现的。这说明这只恐龙可能是由于天敌或自然死亡而被遗留在了那里，被迫从兽群中分离了出来。因为酋龙的脊椎十分细长，所以它的脖子比其他蜥脚类恐龙的更长，可以在吃东西时够到更高的树。这说明它不会和同时代其他恐龙争夺同样的食物，比如蜀龙和峨眉龙。

恐龙
侏罗纪中期

虽然酋龙并不是最大的蜥脚类恐龙，但它的体形之大，已足够压制任何胆敢来攻击的食肉动物。它长长的脖子和灵活的尾巴都能对敌人进行致命一击。

牙齿

在侏罗纪茂密潮湿的丛林里，勺子状的弯曲牙齿有利于酋龙咬掉最高树枝上的叶子。

尾巴

酋龙的尾椎上附有大量的肌肉群，所以它能用尾巴有力地前后扫荡，或许还可以对捕食者进行打击。

时间轴（数百万年前）

540 | 505 | 438 | 408 | 360 | 280 | 248 | 208 | 146 | 65 | 1.8 至今

气龙

目·蜥臀目·**科**·鸟兽脚类·**属&种**·建设气龙

气龙化石差一点就被推土机摧毁了。一家中国天然气公司在清理土地、建设施工时发现了这种恐龙的骨头碎片。

重要统计资料

化石位置：中国

食性：食肉动物

体重：150 千克

身长：3.5 米

身高：1.3 米

名字意义："天然气蜥蜴"，是为了纪念发现该化石的天然气公司

分布：中国的沙溪庙组地层是名副其实的恐龙采石场，人们在那里发现了超过 8000 块骨头

化石证据

目前我们只发现了一个气龙标本。由于现有气龙骨架不完整，所以我们只能基于猜测来描述它的一些特征，有些人推测气龙和开江龙是同一物种。气龙是一种两足恐龙，它的前肢很短，前肢末端长着锋利的爪子，可以用来抓住和撕开猎物。气龙有着典型的蜥脚类恐龙的尾巴，可以在奔跑的时候向外伸展，从而保持身体平衡。中空的骨头可以减轻它的体重，使它成为行动迅速的捕食者。

牙齿

气龙的牙齿像刀，可以用来刺伤、切开肉和控制猎物。像气龙这样的兽脚亚目动物，可能会给猎物的头部带来致命一击。

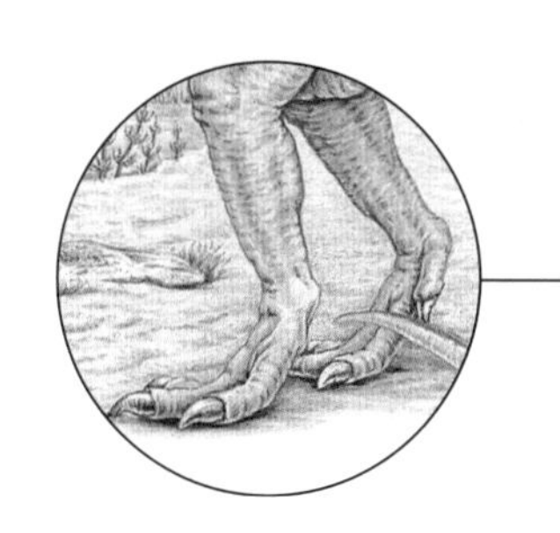

脚

当气龙踩在坚硬的地上时，三个脚趾会张开；当它抬起脚时，趾头会并拢，这和现代鸟类很像。

恐龙
侏罗纪中期

时间轴（数百万年前）

540 | 505 | 438 | 408 | 360 | 280 | 248 | 208 | 146 | 65 | 1.8 至今

拉伯龙

目·蜥臀目·**科**·泰坦巨龙科·**属 & 种**·马达加斯加拉伯龙

拉伯龙和其他已知最长、最高、最重的恐龙同属一科。之后出现的蜥脚类恐龙的脊椎是中空的，所以它们体重更轻，而且更灵活。拉伯龙和它们不一样，它的脊椎几乎是实心的。

重要统计资料

化石位置：马达加斯加

食性：食草动物

体重：未知

身长：未知

身高：未知

名字意义："拉伯的蜥蜴"，是为了纪念法国古生物学家艾伯特·拉伯

分布：马达加斯加位于非洲东南岸，是世界第四大岛

化石证据

拉伯龙只需 12 年就能长到成年。由于食肉动物不太会去攻击体形较大的成年恐龙，而拉伯龙的成长速度很快，所以它可能有着最优的存活率。由于拉伯龙的脊椎几乎实心，所以它比其他脊椎中空的蜥脚类恐龙更重。它的头小而宽，嘴中长着钉子状小牙齿。拉伯龙可能会吃长在高处的树叶，也可能会吃地面上的植物。因为它的脖子和腕龙很像，所以一些古生物学家猜测拉伯龙是腕龙的近亲。

脚

拉伯龙的脚很大，其中可能包括能够填充骨头的结缔组织。宽大的脚掌能将拉伯龙巨大的体重分布在更大的面积上。

胃

为了维持生命，拉伯龙一整天都在吃东西。巨大的胃部搅动着众多植物，为这庞然大物提供必需的能量。

恐龙
侏罗纪中期

时间轴（数百万年前）

540 | 505 | 438 | 408 | 360 | 280 | 248 | 208 | 146 | 65 | 1.8 至今

中棘龙

目·蜥臀目·**科**·中棘龙科·**属&种**·派克氏中棘龙

1923 年，当人们第一次研究中棘龙化石时，它被误认为是巨齿龙的标本。直到 40 年后，人们才意识到这个错误，并将它单独作为一种恐龙对待。

重要统计资料

化石位置：英格兰

食性：食肉动物

体重：1.1 吨

身长：8 米

身高：到臀部的高度有 1.8 米

名字意义："有中等棘刺的蜥蜴"，因为它的骨质棘刺没有其他恐龙那么明显

分布：英国英格兰的多塞特保存了多种物种化石，很多人去那里寻找化石

化石证据

由于目前我们只发现了一个不完整的中棘龙化石，并且缺少头骨，所以古生物学家一直在争论它是属于中棘龙科，还是属于坚尾龙类。我们能确信的是，中棘龙是一种巨大的两足食肉动物。中棘龙脊柱上的棘刺很有意思，因为它们并没有高到能够支撑一个巨大的背帆，就像我们在异齿龙和棘龙身上看到的那样。也有人猜测中棘龙和棘龙的祖先有一定关系。

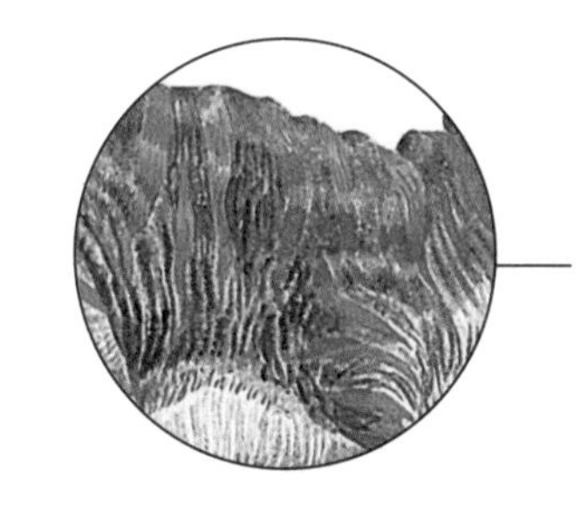

棘刺

中棘龙脊柱上的棘刺约为 25 厘米长，这些棘刺可能会支撑一个小小的背帆，导致这种恐龙看起来有点驼背。

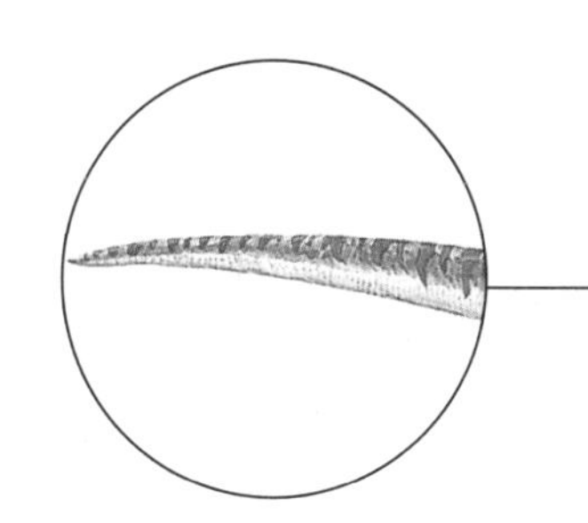

尾巴

中棘龙的脊椎中有一系列相互连接的骨棒，它的尾巴被那些骨棒固定着。僵硬的尾巴可以帮中棘龙保持身体平衡。

恐龙
侏罗纪中期

时间轴（数百万年前）

540	505	438	408	360	280	248	208	146	65	1.8 至今

峨眉龙

目 · 蜥臀目 · 科 · 未分类 · 属 & 种 · 荣县峨眉龙

峨眉龙是一种典型的蜥脚类恐龙，它以植物为食，四条腿像柱子一样。它有一个很与众不同的特征，那就是相较于其他蜥脚类恐龙，它的鼻孔更靠近鼻子的前端。

重要统计资料

化石位置：中国

食性：食草动物

体重：未知

身长：18~20 米

身高：9 米

名字意义："峨眉的蜥蜴"，因为这种动物的化石发现地靠近中国的峨眉山

分布：考古学家于四川峨眉山发现了恐龙化石，因此命名为峨眉龙

化石证据

峨眉龙的脖子极长，可以吃到树顶的叶子，但是这也意味着它的头离心脏很远。峨眉龙比一般蜥脚类恐龙至少多出三节颈椎，所以它很可能需要一个非常有力的心脏来将血液输送到大脑。它脖子上的动脉又粗又壮，可以在极高的压力下运送血液。当峨眉龙低下脖子时，动脉中的瓣膜又可以阻止太多血液涌向它的大脑。

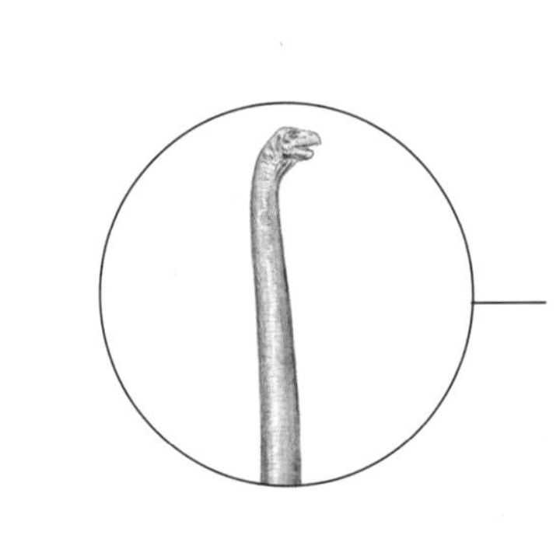

脖子

相较于之前发现的大部分蜥脚类恐龙，峨眉龙的颈椎数量更多，同时颈椎椎骨也比其他大部分蜥脚类恐龙的更长、更强壮。

尾巴

在人们的描述中，峨眉龙通常有个锤子状尾巴，但古生物学家认为那个尾锤化石实际属于一个死在附近的蜀龙。

恐龙
侏罗纪中期

时间轴（数百万年前）

540 | 505 | 438 | 408 | 360 | 280 | 248 | 208 | 146 | 65 | 1.8 至今

皮亚尼兹基龙

目·蜥臀目·**科**·巨齿龙科·**属&种**·弗氏皮亚尼兹基龙

相较于它的亲戚异特龙，皮亚尼兹基龙是一种更小、更原始的恐龙。这种两足食肉动物可能会组成凶猛的兽群一起狩猎，它们会把指爪刺进猎物的肉中。

重要统计资料

化石位置：阿根廷

食性：食肉动物

体重：未知

身长：4~6 米

身高：2.1~2.5 米

名字意义：“皮亚尼兹基的蜥蜴”，是为了纪念出生在俄罗斯的阿根廷裔地理学家亚历康德罗·皮亚尼兹基

分布：人们在阿根廷丘布特省的卡尼亚东阿斯法尔托组地层发现了皮亚尼兹基龙的标本

化石证据

人们在大型蜥脚类恐龙化石的附近发现了皮亚尼兹基龙化石。一群兽脚亚目恐龙可能会联合起来，攻击体形更大的草食恐龙。由于皮亚尼兹基龙脖子中的肌肉十分强壮，所以一旦它的牙齿咬住猎物，可能就可以猛烈地晃动它的头部，摇晃猎物，并从猎物身上咬下大块肉。尽管它的爪子和牙齿极具杀伤力，但皮亚尼兹基龙的体形还是远小于庞大的食草动物。

牙齿

这种凶猛的食肉动物的颚中有长着倒钩的锯齿状牙齿，可以用来咬住并且撕碎挣扎的猎物的肉。

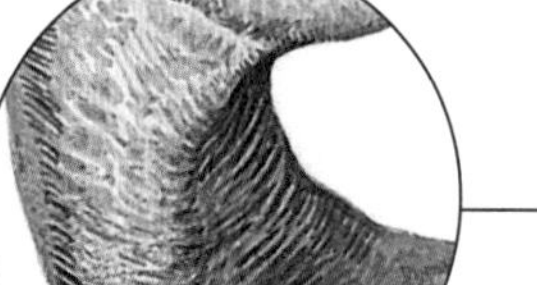

脖子

皮亚尼兹基龙的脖子很强壮，可以轻松转动其巨大的头部。由于中空的头骨减轻了头部重量，所以它可以轻松晃动头部。

恐龙
侏罗纪中期

时间轴（数百万年前）

540 | 505 | 438 | 408 | 360 | 280 | 248 | 208 | 146 | 65 | 1.8 至今

原角鼻龙

目·蜥臀目·**科**·虚骨龙类·**属 & 种**·布氏原角鼻龙

因为原角鼻龙和角鼻龙的鼻子上都长有小冠，所以一开始原角鼻龙被认定为角鼻龙的祖先，但这种分类其实是错误的，后来它被重新鉴定为一种早期虚骨龙。

重要统计资料

化石位置：英格兰

食性：食肉动物

体重：100 千克

身长：最长可达 3 米

身高：未知

名字意义："在角鼻龙之前"，因为之前人们认为它是角鼻龙的祖先

分布：人们在英国英格兰的格洛斯特郡发现了原角鼻龙化石，这个化石现在被保存于伦敦自然历史博物馆

化石证据

根据一块破碎的头骨，我们可以知道，原角鼻龙的鼻子上长着一个小小的骨冠。这个骨冠让古生物学家们想起了角鼻龙的"冠"。关于这个冠的作用还是个谜，一些人认为原角鼻龙的这个冠可用于吸引雌性恐龙。原角鼻龙下颌的前面比后面长着更多、更小的圆锥状牙齿。由于原角鼻龙有多种牙齿，所以它的食物也会更加多样化。

牙齿

由于原角鼻龙长有多种牙齿，所以它可能可以从各种动物身上咬下肉来。

小腿

原角鼻龙的小腿骨比大腿骨要长，所以它能快速奔跑，这是虚骨龙类恐龙的典型特征。

恐龙
侏罗纪中期

时间轴（数百万年前）

540	505	438	408	360	280	248	208	146	65	1.8 至今

晓龙

目·鸟臀目·**科**·分类未定·**属&种**·大山铺晓龙

由于晓龙化石都是已遭破坏的碎片，因此要准确描述它或对它进行分类都是很困难的。但是，许多科学家认为晓龙是莱索托龙和棱齿龙之间的过渡物种，从而证明了鸟臀目恐龙是如何进化的。

重要统计资料

化石位置：中国

食性：食草动物

体重：7 千克

身长：1~1.5 米

身高：30~50 厘米

名字意义："破晓之龙"，因为它出现在早期地质年代

分布：人们在中国西南部的四川盆地发现了晓龙化石，该地区四周都被大山围绕

化石证据

晓龙是一种两足食草动物，它以长在低处的植物为食。晓龙的口鼻部很短，上面长着一个喙状嘴，可以用来咬掉树叶。晓龙体重较轻，后腿很长，可以快速奔跑。这是一种小型食草恐龙，当它受到威胁时，主要的防御方式可能就是快速逃跑。当它迅速逃离天敌时，强壮的尾巴可以保持身体平衡。除此之外，晓龙可能成群行动或是躲在茂密的树叶中。晓龙兼具早期和晚期鸟臀目恐龙的特征，被看作一种过渡性动物。

眼睛

巨大的眼窝表明晓龙有着一双大眼睛，而且可能还有敏锐的视力，这个特征十分重要，可以帮助它密切关注靠近的捕食者。

牙齿

晓龙弯曲的树叶状颊齿的表面有褶皱，适合用来咬掉并磨碎植物。

恐龙
侏罗纪中期

时间轴（数百万年前）

540 | 505 | 438 | 408 | 360 | 280 | 248 | 208 | 146 | 65 | 1.8 至今

华阳龙

剑龙是最容易被认出来的恐龙之一，因为它的脊柱上都长着两排垂直的骨板。剑龙还有尾刺。华阳龙是一种早期的原始剑龙，相较于后来出现的剑龙，它的体形小得多，并且头骨也更短、更高。华阳龙当时生活的地方是现在的中国，在它出现 2000 万年后，它著名的表亲剑龙才出现在北美洲大陆。华阳龙的后代和祖先一样，也有骨板，尾刺也比较小，且呈水平方向，但是它们的肩膀上并没有较大的尖刺。

重要统计资料

化石位置：中国

食性：食草动物

体重：450 千克

身长：4 米

身高：1.5 米

名字意义："华阳的蜥蜴"，是根据发现它的地点命名的

分布：人们在华阳的一个采石场中发现了华阳龙化石，华阳在中国四川省成都市附近

化石证据

1982 年，人们发现了 12 种动物的化石，其中就包括已知最古老的剑龙亚目恐龙。它背上的骨板更像是朝向尾巴的尖刺，这说明这些骨板是由尖刺进化而来的。后来出现的剑龙亚目恐龙的骨板已经没有这么尖了。在英格兰发现的皇家龙可能是华阳龙的亲戚，它有着和华阳龙相似的下颌，并且有可能成为华阳龙科的第二位成员。

大脑

曾有传言说剑龙在靠近臀部的脊髓中还有"第二大脑"，可以用来控制它的后肢。实际上，这是许多蜥形类动物都有的盆神经的放大版。

牙齿

华阳龙上颌的前部长有 14 颗小牙齿，能够用来吃长在低处的植物。后来出现的剑龙则长着没有牙齿的喙。

尖刺

和后来的剑龙不同，华阳龙的肩部有两个巨大的尖刺。这两个尖刺的作用还未知，但它们肯定会让华阳龙的外形更具威慑力。它们可能还有一些实用性，例如可以作为攻击天敌或某些竞争者的武器，或者单纯起到展示作用，吸引异性。

恐龙
侏罗纪中期

前肢

华阳龙的前肢是后肢的四分之一，这可能是为了让它够到更高的植物。

防御

华阳龙的背部略微拱起，背上长着两排锋利的三角骨板，这些骨板显然有防御作用，这样捕食者就很难咬到它，而且还可以恐吓捕食者。骨板中有类似血管的洞孔，表明华阳龙或许可以用骨板控制体温，可以加热或冷却血液。但是相较于一些后来出现的剑龙，这些骨板又太小了。骨板可能还可以帮助华阳龙吸引异性，颜色可能也可以改变。

时间轴（数百万年前）

540	505	438	408	360	280	248	208	146	65	1.8 至今

双型齿翼龙

目·翼龙目·**科**·双型齿翼龙类·**属 & 种**·长爪双型齿翼龙

重要统计资料

化石位置：英格兰

食性：食肉动物

体重：未知

身长：1米，翼展为1.4米

身高：未知

名字意义："两种形态的牙齿"，因为它有两种独特的牙齿

分布：人们在英格兰的莱姆里杰斯发现了双型齿翼龙化石，那里有恐龙大陆化石博物馆

化石证据

双型齿翼龙灵活的脖子必须很强壮才能支撑起它超大的头部。它巨大的头骨中有洞孔，可以减轻头的重量。双型齿翼龙的大脑很小。虽然双型齿翼龙并不是一种聪明的史前动物，但是它只需将自己作为一台狩猎机器就可以存活下来。双型齿翼龙一直以鱼类、乌贼或小型爬行动物为食，它会等待突袭的机会，从而享用一顿美餐。

史前动物
侏罗纪中期

双型齿翼龙是侏罗纪早期的翼龙。1.8亿年前，它们就曾从空中俯冲下来。双型齿翼龙更像是一种会飞的爬行动物而非恐龙。它是一个恐怖的捕食者，它的头非常大，而且翼展极具震慑力。

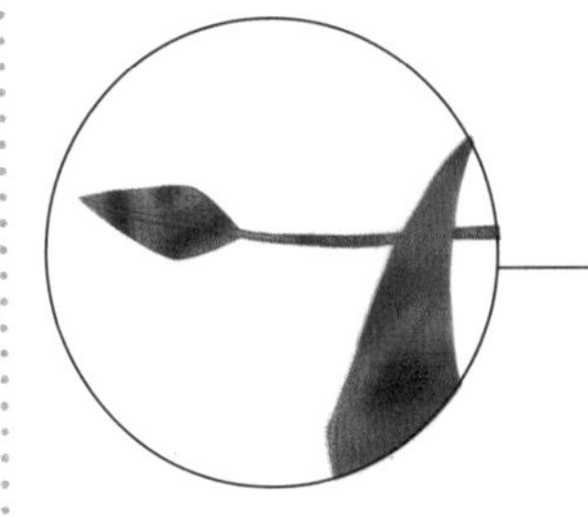

尾巴

双型齿翼龙尾巴的末端很可能有钻石状的皮瓣，可以在它飞行时保持身体平衡。

喙

双型齿翼龙通常在描述中都有一个与海鹦类似的喙，可用于快速抓住小动物。

时间轴（数百万年前）

540 | 505 | 438 | 408 | 360 | 280 | 248 | 208 | 146 | 65 | 1.8 至今

巨齿龙

目 · 蜥臀目 · 科 · 巨齿龙科 · 属 & 种 · 巴氏巨齿龙

巨齿龙是第一种被描述的恐龙，也是第一种有学名的恐龙。这一切甚至发生在“恐龙”这个词被人们造出来之前。

重要统计资料

化石位置：英国英格兰、威尔士以及法国、葡萄牙

食性：食肉动物

体重：1.2~1.8 吨

身长：7~9 米

身高：3 米

名字意义：“巨大的蜥蜴”，因为它体形巨大

分布：人们最早在英格兰牛津郡的石灰岩采石场和司东费尔德板岩中发现了巨齿龙化石

化石证据

1676 年，人们在牛津郡的一个采石场发现了一块骨头。一开始这块骨头被看作是某个巨人的大腿骨。19 世纪早期，人们又发现了更多化石。但是直到 1824 年，科学家才意识到这些骨头属于同一种巨大的、类似蜥蜴的动物，所以将它取名为巨齿龙，意思是“巨大的蜥蜴”。“恐龙”这个词是在 1842 年被造出来的。之前许多恐龙化石都被归类为巨齿龙，直到科学家对恐龙有了更多了解，他们才辨认出了这些化石的差别。

恐龙
侏罗纪中期

腿

巨齿龙可以靠两条强壮的腿直立。这种极具侵略性的兽脚亚目动物能快速奔跑，当它在狩猎时，可能是依靠奇袭，忽然冲向它的猎物。

颌

巨齿龙的上下颌非常有力，其中长着弯曲的刀状牙齿，哪怕是遇到体形最大的蜥脚类恐龙，巨齿龙也可以从它身上咬下一大块肉。

时间轴（数百万年前）

540 | 505 | 438 | 408 | 360 | 280 | 248 | 208 | 146 | 65 | 1.8 至今

美扭椎龙

美扭椎龙是一种典型的兽脚亚目恐龙：它是一种靠双足行走的食肉怪物，能够高效地捕杀猎物。一个有趣的问题是，为什么它的化石是在海底沉积层中被发现的？ 1.6 亿年前，现在英格兰南部地区是由各种浅海中的小岛组成的。美扭椎龙尸骸究竟是被冲进水中的，还是这种动物自己有时会进入水中呢？它可能在海滩和河口边寻觅能吃的死尸，甚至可能进入水中抓鱼类和龟类。它或许还学会了用后腿划水，从而在岛屿间游泳。

重要统计资料

化石位置：英格兰

食性：食肉动物

体重：200~250 千克

身长：7~9 米

身高：3~3.7 米

名字意义："真正的扭转脊椎"，因为一开始人们认为它是扭椎龙中的一个物种。扭椎龙名字意为"反转的脊椎骨"，是根据它的脊椎形状取的名

分布：美扭椎龙的标本是在英国牛津北部的一个黏土矿坑中被发现的

化石证据

该物种是欧洲保存得最好的兽脚亚目恐龙。1841 年，人们第一次给它命名，当时人们误以为它是巨齿龙，这个错误在 1964 年被纠正了。美扭椎龙不完整的化石长达 5 米，但从它的脊椎来看，它并没有发育完全，所以人们认为这是一个未成年个体的化石，它可能还可以再长 2~4 米。它有着兽脚亚目恐龙的特征：强壮的后肢，直立的姿势以及较小的前肢。这具骨架目前被在英国英格兰的牛津大学博物馆展出。

恐龙
侏罗纪中期

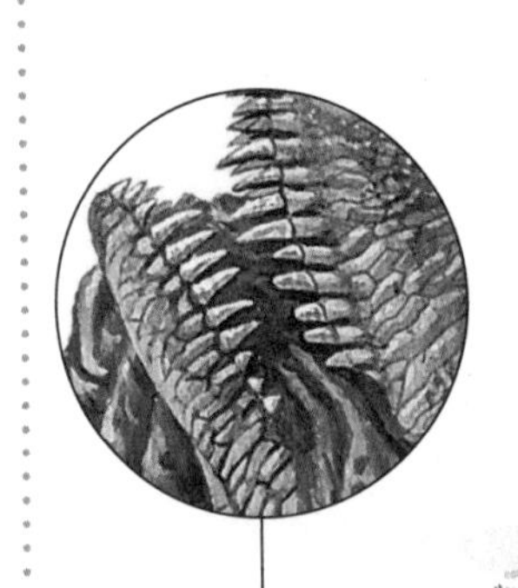

牙齿

美扭椎龙的嘴中长着锯齿状的锋利牙齿，而且不断会有新牙长出来替换旧牙。

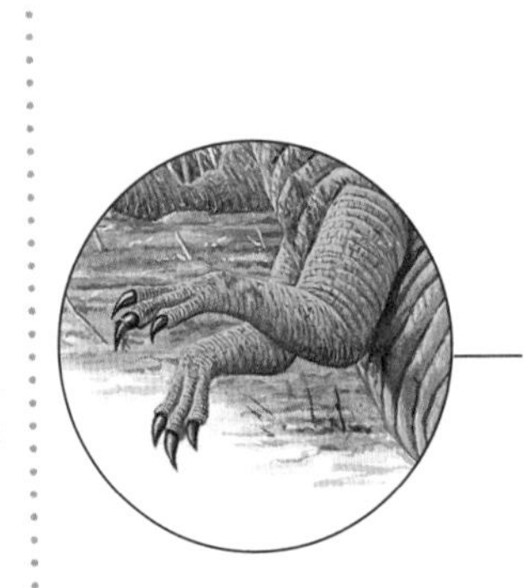

前肢

美扭椎龙的前肢很小，而且不太有力气，但是它的前肢长着极其锋利的爪子，可以将猎物撕开。

尾巴

早期兽脚亚目恐龙在行走时，尾巴会左右摆动，但是由于美扭椎龙的尾巴和大腿间的肌肉更短，所以它的尾巴更加僵硬，没有那么灵活。

目 · 蜥臀目 · 科 · 巨齿龙科 · 属 & 种 · 牛津美扭椎龙

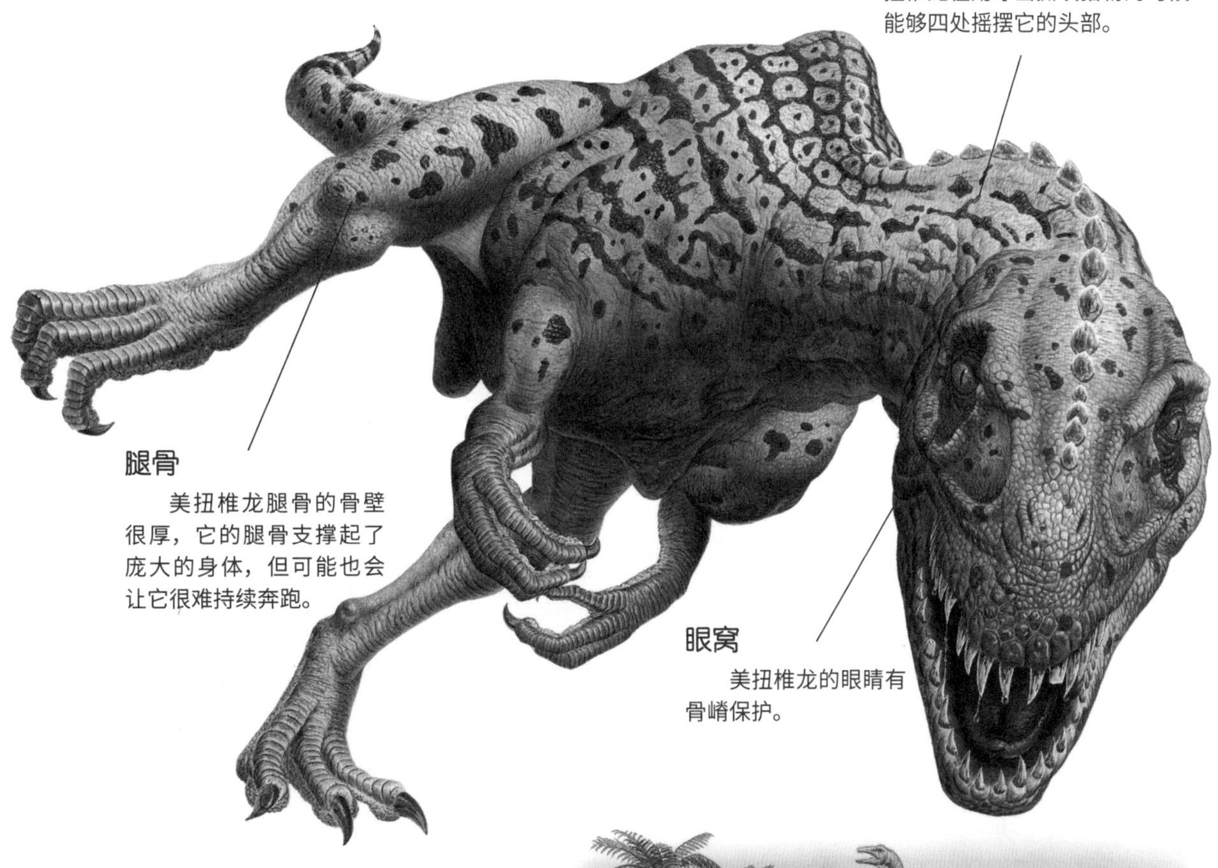

脖子

强壮的脖子和背部肌肉使美扭椎龙在用牙齿撕咬猎物的时候能够四处摇摆它的头部。

腿骨

美扭椎龙腿骨的骨壁很厚，它的腿骨支撑起了庞大的身体，但可能也会让它很难持续奔跑。

眼窝

美扭椎龙的眼睛有骨嵴保护。

中空头骨

美扭椎龙或许会大口咬下猎物的肉，当猎物失血而死时，它就可以饱餐一顿。然而，对这种巨型野兽来说，头骨的重量也是个大问题。不过由于美扭椎龙的头骨中有被称为“窗孔”的大片中空区域，所以这个问题就迎刃而解了。美扭椎龙是很有能力的捕食者，除了交配季，它们可能都是独自生活的。

时间轴（数百万年前）

540 | 505 | 438 | 408 | 360 | 280 | 248 | 208 | 146 | 65 | 1.8 至今

蜀龙

重要统计资料

化石位置：中国

食性：食草动物

体重：7.7 吨

身长：10 米

身高：4 米

名字意义：“蜀地蜥蜴”，因为最初它是在中国四川被发现的

分布：蜀龙的所有标本都在中国四川省的大山铺组地层被发现，人们已经在那里发现了 8000 多个骨骼残骸

化石证据

目前已经发现了超过 20 具蜀龙骨架，而且人们清楚它的每一根骨头是什么样的。人们已经发现了大量蜀龙化石，说明这种恐龙在侏罗纪中期很常见。蜀龙是占据支配地位的食草动物，几乎会一直伸着长脖子去吃树叶，来维持它巨大的身体。蜀龙的腿相对来说比较短，而且如果和侏罗纪晚期的巨型蜥脚类恐龙相比，它确实是个小矮子。

恐龙
侏罗纪中期

这种恐龙可以对其他动物展开突然袭击。它的尾巴末端长有一个骨锤，可以对攻击者进行打击。对于那些自以为已经很了解蜀龙的古生物学家来说，这个骨锤是个意外，因为它是在 1989 年才被发现的，那时距离发现第一个蜀龙标本已经过去 10 年了。

鼻孔

蜀龙的鼻孔位于口鼻部偏低的位置，这与其他蜥脚类恐龙不同。

目 · 蜥臀目 · **科** · 鲸龙科 · **属 & 种** · 李氏蜀龙

蜀龙很可能吃木贼类植物、蕨类植物以及其他侏罗纪时期的植物。这些植物的营养成分比较少，而且很难消化。所以蜀龙一定会花很多时间进食，很可能以群居方式生活。相较于同时代的其他食草动物，它能够触及长更高处的植物和树叶。

头

蜀龙的头比较小，嘴中有细长的柄勺状牙齿，能够咬掉植物上的叶子。

腿

蜀龙的腿很短，而且骨头是实心的，这和之后的蜥脚类恐龙不一样。蜥脚类恐龙的骨头是中空的，而且更轻，所以能长得更大。

尾锤

在蜀龙的早期发现中，人们并没有发现它尾巴末端的骨锤，这一特征在恐龙中是很独特的。扩大的椎骨形成了两个尖刺，创造出了一个像锤子一样的武器。当蜀龙在甩动尾巴时，尾锤可以挥出相当大的力量。这个武器使用起来出其不意，威力十分强大。蜀龙重重的尾巴可以平衡长脖子的重量。

时间轴（数百万年前）

540 | 505 | 438 | 408 | 360 | 280 | 248 | 208 | 146 | 65 | 1.8 至今

蜀龙

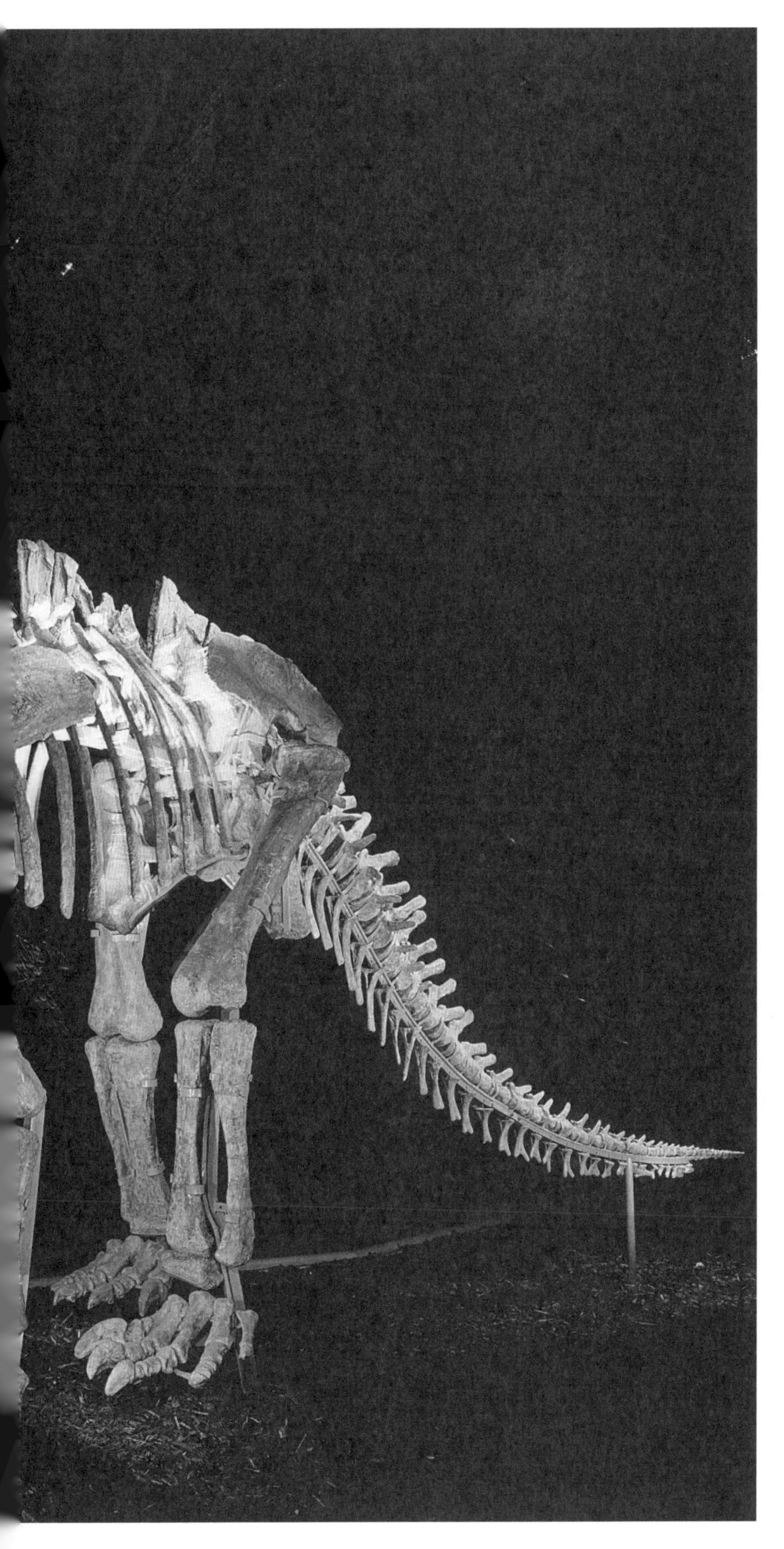

大山铺组地层

1972 年，一家中国天然气公司准备在当时交通不便的中国西南省份——四川安装供气设备，结果工人发现了一些意想不到的、令人印象深刻的东西——一个中等大小的恐龙化石，后来这个恐龙被命名为气龙。它身长 4 米，高 1.3 米，就恐龙而言并不是很大，但是它的重要之处并不在于体形。在发掘气龙的过程中，那家天然气公司发现了大山铺组地层，后来在这里发现了至少 6 种蜥脚类恐龙（其中包括蜀龙）、一些剑龙和兽脚亚目恐龙、一种翼龙、一种两栖动物和一些鸟脚亚目恐龙，另外还有鱼类、龟类、鳄类和海生爬行动物。

大山铺组地层已经存在 1.68 亿年了，这里曾是一片茂密的森林，散落在恐龙遗骸四周的木头化石碎片可以证明这一点。古生物学家现在认为，这片区域中曾经有一个湖泊，湖泊中的水由附近的一条大河补给。在这样的环境下，蜀龙和其他恐龙的遗骸可能被河流冲进湖泊，并且留在那里，这才形成了 1972 年后发现的大量史前化石。

图书在版编目（CIP）数据

三叠纪与侏罗纪恐龙 / 英国琥珀出版公司编著 ; 王凌宇译. -- 兰州 : 甘肃科学技术出版社, 2020.11
ISBN 978-7-5424-2605-5

Ⅰ. ①三… Ⅱ. ①英… ②王… Ⅲ. ①恐龙—儿童读物 Ⅳ. ①Q915.864-49

中国版本图书馆 CIP 数据核字（2020）第 225896 号

著作权合同登记号：26-2020-0100

三叠纪与侏罗纪恐龙
［英］英国琥珀出版公司 编著
王凌宇 译

责任编辑 何晓东
封面设计 韩庆熙

出 版 甘肃科学技术出版社
社 址 兰州市读者大道 568 号 730030
网 址 www.gskejipress.com
电 话 0931-8125103（编辑部）0931-8773237（发行部）
京东官方旗舰店 https://mall. jd. com/index-655807.html

发 行 甘肃科学技术出版社 印 刷 雅迪云印（天津）科技有限公司
开 本 889mm×1194mm 1/16 印 张 7.25 字 数 99 千
版 次 2021 年 1 月第 1 版
印 次 2021 年 1 月第 1 次印刷
书 号 ISBN 978-7-5424-2605-5
定 价 48.00 元